당신도
혈압약 없이
살 수 있다

선재광 원장의 고혈압 극복 6주 프로젝트

당신도 혈압약 없이 살 수 있다

선재광 지음

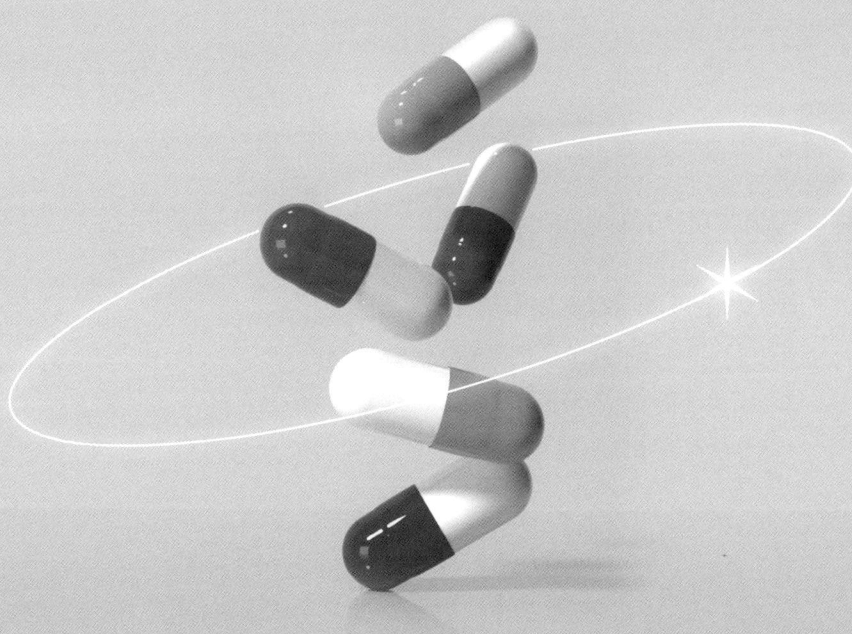

다온북스
DAON BOOKS

▶ 차례 ◀

2장

고혈압은 약으로 치료되지 않는다

3장

고혈압 잡으려다 병을 키운다

4장

혈압약으로 죽임당하지 않으려면

5장

약 없이 고혈압 잡기 6주 프로젝트:
혈압을 내리고 피를 맑게 하는 청혈 습관

▶ 시작하며 ◀

약이 아니라 내 몸에 답이 있다

"아, 그놈의 약들. 보기만 해도 지긋지긋합니다."

진료실에 들어서는 어르신들을 보면 절반 이상은 고혈압 때문에 걱정이 많으시다. 그분들은 사실 혈압이 높아서 걱정이라기보다 날마다 밥을 먹듯 약을 챙겨 먹어야 한다는 사실 때문에 더 힘들어하신다. 언제부터 먹기 시작했는지 기억도 가물가물할 정도려니와, 앞으로 살아가는 동안에는 계속 먹어야 한다는 점 때문에 진저리를 치곤 하신다. 더욱이 근래 들어서는 어르신들뿐 아니라 장년층, 더러는 청년들도 고혈압으로 약을 먹는 경우를 많이 본다.

이분들에게 "고혈압은 병이 아니고 몸이 보내는 구조신호입니다. 그러니 약을 먹어서 강제로 혈압을 내려버리면 다른 병이 생깁니다"라고 설명해드리면 무슨 소린가 하고 눈을 껌벅껌벅 하신다. 그도 그럴 것이 혈압약은 하루도 안 먹으면 큰일 난다는 엄포를 수도 없이 들어왔기 때문이다. 고혈압에서 벗어나려면 당장 약부터 끊어야 한다고 설명을 드리지만, 그렇게 지긋지긋해 하면서도 선뜻 약을 끊지 못하는 게 바로 그 때문이다. 다행히, 처음에는 그런 심적 저항을 보이는 환자들도 차근차근 설명해드리면 대부분이 수긍을 하신다. 우리 한의원에 오신 환자들이 약을 끊고 생활습관을 바로잡아 혈압 걱정에서 해방되시는 모습을 볼 때마다 기쁘고도 고마움을 느낀다.

고혈압에 관심을 기울인 지 어느덧 30년이 흘렀고, 본격적으로 연구한 지도 20년이 넘었다. 진료에서는 물론이고 방송과 신문사, 언론 매체, 학회지를 통해 고혈압에 관한 연구 결과를 발표하고 개선해야 할 점에 관해 지속적으로 목소리를 내오다 보니 '고혈압 박사', '고혈압 전문 한의사'로 불리게 되었다.

오랫동안 임상을 해보니 생명 현상은 사람의 개체 수만큼 다양하고 예측이 불가능하며 신비롭기까지 하다는 걸 새삼 깨닫게 된다. 모든 질병이 그러하며 혈압도 예외가 아니다. 인간에 관한 한, 공장에서 찍어내듯 똑같은 원인과 결과란 절대 존재하지 않는다. 적정한 혈압도 사람마다 다르고, 혈압이 오르는 이유도 저마다 다르며, 높아진 혈압을 안정시키기 위해 취해야 하는 처방도 다 다르다. 그럼에도 서양의학에서는 '어디서부터 어디까지'라고 고혈압 정상수치를 정해놓고 벗어나면 일단 고혈압 환자로 만든다. 체질적인 특성이나 연세를 감안하지 않고 무조건 획일적으로 고혈압 환자로 만드는 것은 문제가 있다. 이는 인체를 기계로 보는 서양의학의 생명관과 질병관의 오류다.

무릇 생명이 있는 모든 것은 그 메커니즘이 기계와 다르다는 것쯤은 삼척동자도 다 아는 사실이다. 그런데 왜 스스로 과학적이라고 주장하는 서양의학이 이런 오류를 범하고 있을까? 모든 사람을 수치로 정해서 획일적으로 질병을 규정하는 것이 여러 가지로 이익이 되기 때문이다. 그런 이면에는 '돈'이 개입되어 있기 마련이다. 현대 서양의학은 환자를 살리는 것보다 질병으로 돈벌이를 하는 데 혈안이 되어 있다.

병원 문에 들어서는 순간, 환자는 존중받아야 하는 인격체로서의 '사람'이 아니라 현대의료 권력의 주머니를 채워줄 '호구'로 전락하는 경우가 많다. 자칭 첨단이라 이름 붙인 수많은 검사 장비를 통과하게 하고, 환자와 눈도 제대로 맞추지 않은 채

몇 분짜리 진료를 한 다음, 그들이 정한 매뉴얼대로 진단하고, 환자가 문제가 생기든지 말든지 그것은 그들의 소관이 아니다. 그렇게 해야 만일에 발생할 법적인 책임을 면하는 것이다. 고혈압의 경우, 서양의학은 병의 원인을 제거하기보다는 그들이 정한 병적인 수치에서 정상수치로 조절만 해 주면 되는 것이다.

한 발 양보해서, 그렇게 함으로써 환자가 치료만 된다면 그나마 다행이라 하겠다. 하지만 수치를 조절하는 처방일 뿐이기에 겉으로 나타나는 수치는 완화될지언정 원인이 제거되지 않았으니 다른 부위에서 다양한 질병이 생길 수밖에 없다. 심하게 표현한다면, '한 번 물면 놓지 않는 불도그처럼' 환자가 계속해서 병원을 찾도록 만드는 셈이다. 그런 이유로 고혈압으로 병원에 찾는 환자는 점점 불어나고 양약을 복용하는 가짓수와 종류는 점점 더 늘어나고 있다. 이는 국민 건강에도 심각한 문제가 되고 있고, 급기야 의료비의 증가로 인해 나라 경제와 가정 경제까지 심각하게 위협받는 지경에 이르렀다.

고혈압을 치료하려면 제일 먼저 약부터 끊어야 한다. 그런 다음 '기혈순환'이 잘 이루어지는 몸을 만들어야 한다. 생명체가 생명을 유지하기 위해서는 영양소, 물, 산소가 끊임없이 막힘

없이 돌고 돌아야 하기 때문이다. 그러기 위해 혈관이 건강하고 혈액이 맑아야 한다. 혈액과 혈관은 생활습관으로 극복이 되어야 하고 자연 치료로 근본 원인을 제거해야 한다.

이는 20여 년간 수많은 고혈압 환자를 치료해오면서 직접 검증한 사실이다. 혈관에 문제가 생겨 혈액 순환에 이상이 생겼다면 운동과 식이요법(청국장, 발효쑥차)으로 혈관을 강화하고, 혈액이 탁해서 몸이 산성화되었다면 알칼리성으로 되돌리고, 체온이 저하되었다면 체온을 높이는 습관(족욕, 반신욕)을 들이고, 특정 장기의 기능이 약해져 있으면 그 장기를 보강하면 된다. 혈액에 요산이 많으면 죽염수(물500cc에 죽염 2g)를 섭취해서 극복하고, 활성산소가 많으면 수소수를 먹거나 수소를 흡입하면 활성산소는 제거된다.

혈관과 혈액의 건강을 위해서 가장 중요한 요소가 있다. 인체 내에서 '산화질소(NO)'가 잘 분비되도록 해야 한다. 위의 습관들이 바로 산화질소를 잘 분비되게 돕는다. 산화질소는 혈관내피에서 분비되어 혈액이 원활히 순환할 수 있도록 혈관을 넓혀주고 혈전을 없애는 작용을 한다. 젊고 건강할 때는 체내에서 충분히 만들어지지만 좋지 않은 식습관과 생활습관, 스트레스, 환경 등의 문제가 생기면 체내에서 산화질소가 생성되는 양이 점점 줄어들거나 거의 만들지 못하게 된다. 산화질소는 혈관내피뿐 아니라 뇌의 신경세포와 폐의 신경세포, 세포내의 백혈구에서 분비되는 물질이다. 이런 산화질소가 부족하면 고혈압을 비롯한 당뇨, 암, 심근경색, 뇌경색, 치매 등 다양한 질병이 발생하게 된다. 산화질소는 체온과 피해독과 밀접한 관계가 있으므로 체온상승과 피해독을 충분히 해주면 산화질소를 잘 생성하는 몸으로 되돌아가는 일은 어렵지 않다.

이렇게 '근본 원인'부터 하나씩 개선하면 우리 몸은 산화질소를 충분히 만들어내는 몸으로 살아난다. 그러면 혈압도 자연스럽게 내 몸에 맞춰진다. 이것이 바로 우리 몸이 원래 가지고 있는 기능을 제대로 발휘하게 하는 최고의 치료 방법이다.

의학의 아버지로 불리는 히포크라테스는 이렇게 강조했다. "모든 환자에게는 몸 안에 자신만의 의사가 있다. 환자 몸 안에 있는 의사에게 일할 기회를 주는 것이 의사가 해야 할 최상의 임무다." 내 안의 의사를 깨우기 위해 어떻게 하면 되는지를 지금부터 차근차근 살펴보자.

— 선재광

1장

내가 혈압약을 믿지 않는 이유

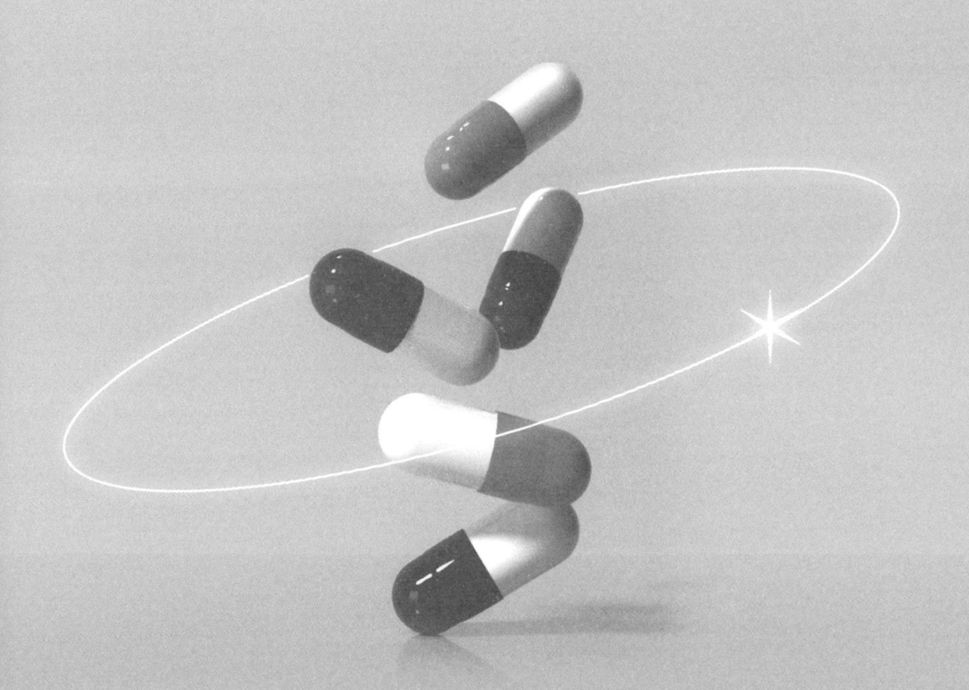

고혈압입니다. 평생 약을 드세요!

고혈압과의 질긴 인연이 시작된 지도 벌써 30년이 넘었다. 시작은 아버지께서 정기 건강검진을 받으러 가셨다가 고혈압 진단을 받으면서부터다. 의사는 아버지의 혈압이 160/90㎜Hg여서 높은 편이니 혈압약을 복용하는 것이 좋겠다고 했다 한다.

그런데 청천벽력 같은 일이 일어났다. 2년 후 어느 날 등산을 다녀오신 아버지께서 뇌출혈로 돌아가신 것이다. 그동안 아버지께서는 복용 지침에 따라 꼬박꼬박 약을 드시면서, 가끔 머리가 어지럽고 두통이 있다는 말씀을 하셨었다. 하지만 그게 약의 부작용 때문이라고는 누구도 생각하지 못했다. 나도 그저 일시적인 문제일 것이라고만 여기고 지나치고 말았다. 그랬던 것이 그처럼 돌이킬 수 없는 결과를 불러온 것이다.

아버지께서 돌아가신 후 엄청난 충격을 받았다. 마음속 깊이 그런 충격을 안고 있었기에 고혈압은 나의 연구 주제가 되었다. 당연히, 나는 고혈압에 대해 깊이 연구하기 시작했으며 고혈압에 관한 서적과 논문을 거의 다 읽었으며 고혈압 환자들을 진료할 때도 더 관심을 기울여 치료하였다. 고혈압에 관하여 공부를 하고 연구를 하고 많은 임상을 하면서 알게 된 한 가지 사실이 있다. 나의 부친과 같은 증상을 호소하는 고혈압 환자의 경우가 많다는 것이다.

사람들이 보통 병원에 가는 것은 사고로 다쳤거나 어딘가가 아플 때다. 그렇지만 고혈압은 일상에서 그런 통증이나 이상 증세를 보이지 않는다. 대개는 건강검진을 받다가, 또는 다른 병 때문에 병원을 찾았다가 혈압이 높다는 진단을 받는다. 그리고 그때부터 혈압을 낮추는 약을 복용하기 시작한다. 의사들은 약을 처방하면서 매일 꾸준히 먹어야 한다고, 그렇지 않으면 중풍에 걸리거나 심장에 부담이 오거나 신장에 무리가 올 수가 있다고 강조한다. 권위 있는 의사의 말에 사람들은 '이거 큰일 났구나' 생각하면서 약을 생명줄처럼 여기고 매일 빠뜨리지 않고 먹는다. 그런데 말 잘 듣는 학생처럼 날마다 약을 먹어도 나아질 기미는 없다. 경과를 체크하러 정기적으로 병원을 방문하다 보면, 낫기는커녕 어느 때부터는 혈압이 더 높아져 있다. 그러면 복용량과 가짓수를 조금 더 늘리게 되고, 그런 일이 반복되면서 한두 알의 약이 한 움큼으로 늘어난다.

실제로 진료실에서 만난 환자들 중에 혈압약을 먹기 시작한 지 오래된 분들일수록 투약량과 종류가 늘어나 심지어 10개 이상의 약물을 한꺼번에 복용하는 분도 있었다. 그런 약을 장기적으로 복용하니 간과 신장이 나빠지고, 당뇨, 고지혈증, 뇌경색, 심근경색, 치매, 암 등 다양한 합병증이 당연히 따라오게 된다.

어떤 약을 평생 먹어야 한다면, 그것이 해당 병을 치료하는 것이라고 말할 수 있을까? 약은 어디까지나 임시방편인 것이다. 당장 급해서 먹긴 하지만 그 도움으로 급한 위기를 벗어나 정상적인 생활, 다시 말해 약 없이 살아왔던 이전의 생활로 복귀해야 한다는 뜻이다. 그런데도 '평생 먹어야 하는 약'이라는 게 엄연히 존재하고, 의사든 환자든 그걸 당연히 여기는 분위기다. 한의사로서 나는 이 점에 크게 문제의식을 느끼고 본격적으로 연구에 뛰어들었다. '평생 약을 먹어야 하는 병', 고혈압은 정말 그런 '병'일까? 이 질문이 고혈압을 둘러싼 오해를 풀어줄 실마리가 될 것이다.

혈압이 아니라 혈관과 혈액이 문제였다

혈압이란 무엇일까? 쉽게 말해 심장에서 내보내진 혈액이 혈관에 가하는 압력이다. 심장의 동방결절이라는 곳에서는 약 0.8초에 한 번씩 전기를 발생시켜 심장을 수축하게 한다. 심장이 수축하면 혈액이 뿜어져 나와 혈관으로 들어가는데 이때 혈관벽에 가해지는 압력이 최고혈압이다. 그리고 심장이 다시 부풀어졌을 때(이완됐을 때)의 압력을 최저혈압이라 한다.

서양의학에서는 이 최고혈압과 최저혈압을 측정하여 정상치 범위보다 높을 때 고혈압이라고 진단한다. 혈압이 높다는 것은 혈관벽에 센 힘이 가해진다는 뜻이므로, 혈압이 지속적으로 높으면 혈관벽이 손상될 가능성도 커진다. 그래서 혈압이 정상치를 유지하도록 약을 처방하는 것이다.

그것으로 문제가 해결될까? 절대 그렇지 않다. 높은 혈압을 단순히 낮추기만 하는 것으로는 혈압 문제를 해결할 수 없을뿐더러 그보다 더 중한 문제를 일으킨다. 왜냐하면 혈압이 높다는 것은 하나의 증상일 뿐이지 그 자체가 질병도 아니고 질병의 원인은 더더욱 아니기 때문이다.

그러면 고혈압은 왜 나타날까? 고혈압은 동맥이 굳거나 혈관이 좁아지거나 혈액에 문제가 생김으로써 발생한다. 나는 한

▶ 끈적한 혈액이 혈압을 높인다

의학의 생명관에 입각하고 임상에서 많은 환자들을 경험하면서 고혈압의 치료는 혈관을 개선시키는 것도 중요하지만 더 중요한 일은 혈관의 내용물인 혈액, 즉 피를 개선시키는 것이라는 결론을 얻었다. 쉬운 비유를 들어보면, 고무호스 속에 액체를 흘려보낸다고 할 때 맑은 물은 잘 흘러가지만 끈적거리는 액체는 더디 흐른다. 혈관 속 혈액이 딱 그렇다. 만약 혈관 속 피가 맑다면 순환하는 데 큰 저항을 받지 않을 것이니, 순환시키기 위해 억지로 힘을 더 가하지 않아도 잘 흐르게 될 것이다. 반면 이런 저런 노폐물이 많이 섞여 있고 걸쭉하게 엉긴 피라면 더 느리게 흐를 것이다. 이를 제때에 충분히 순환되도록 하려면 힘을 주어 밀어내는 수밖에 없다. 따라서 혈압을 낮추려면 피를 맑게 하는 것이 우선이다.

그런 다음에는 혈관을 건강하게 만들어야 한다. 혈액이 온몸을 순환하는 건 순전히 심장의 힘만으로는 어림도 없다. 혈관에 탄력이 있어서 심장의 작용에 리드미컬하게 호응해주어야 한다. 혈압을 낮추는 데 필요한 두 가지 일, 즉 피를 맑게 하고 혈관을 튼튼하게 할 수 있는 방법을 구체적으로 소개하고자 나는 지금 이 책을 쓰고 있다.

그런데 그에 앞서 반드시 알고 넘어가야 할 게 있다. 모든 사람에게 일률적으로 적용할 수 있는 '혈압의 정상수치'란 존재할 수 없다는 것이다. 생명체는 저마다 자신만의 특성을 가지고 태어나며, 타고난 특성에 잘 부합할 때 건강하고 원기 넘치는 생명력을 발휘한다. 혈압도 마찬가지다. 개인적 특성이 우선하기에 어떤 사람은 최고혈압이 180㎜Hg를 넘어가도 아무 문제없이 잘 살아간다. 만약 그의 혈압을 정상수치라는 120㎜Hg이하로 낮춘다면 도리어 건강에 이상이 생길 것이다. 그럼에도 서양의학에서는 무조건 혈압을 낮춰야 한다고 말한다. 과학으로 포장된 미신이라고까지 할 정도다.

혈압은 몸이 보내는 신호일 뿐이다. 어디서 그 신호가 오는지 아는 게 중요하지 단순히 '신호음'을 줄이는 게 급한 일은 아닐 것이다. 혈압의 '정상수치'라는 미신에 더 이상 휘둘려서는 안 되는 이유다.

▶ 소금을 적게 먹어도 혈압은 오른다 ◀

혈압의 정상수치 못지 않게 굳건한 미신이 하나 더 있다. 혈압의 원흉을 소금이라고 생각하는 사람들이 의외로 많다. 혈압이 높은 사람은 소금 섭취량을 줄이거나 거의 무염식을 하는 사람들도 있다. 그러나 사실 소금과 혈압은 관계가 없고, 오히려 좋은 소금을 적당량 섭취해야 고혈압에 좋다.

물론 지나치게 짜게 먹는 것이 건강에 좋을 리는 없다. 하지만 소금은 흔히 생각하듯이 악당이 아니라 오히려 생명 유지에 필수적인 식품이다. 소금의 나트륨 성분은 우리 몸에서 혈액과 체액의 알칼리 균형을 유지하는 데 큰 역할을 하며, 소화액 성분에도 포함되어 있어 우리 몸이 영양을 흡수하는 데도 꼭 필요하다. 소금의 섭취량이 부족하면 무력감과 피로감을 느끼기 쉽고 심하면 사망에 이를 수도 있다. 그래서 단식을 할 때에도 물과 소금은 꼭 챙겨 먹는 것이다. 단, 내가 말하는 소금은 나트륨만 쏙 빼낸 정제염이 아니라 미네랄을 풍부히 함유하고 있는 천일염이다(좋은 소금과 소금의 역할에 대해서는 뒤에서 더 자세히 다루겠다).

그런 소금이 고혈압의 주범으로 지목되고 있는데, 소금 입장에서 보면 무척 억울할 일이다. 방금 말했다시피 지나치게 짜게 먹는 것이 좋을 리는 없지만 지나치게 달게, 지나치게 맵게 먹는 것도 좋지 않기는 마찬가지다. 여기서 중요한 단어는 '지나치게'다. 짜고, 달고, 맵고, 쓰고, 신 맛은 우리가 음식을 통해 누릴 수 있는 즐거움이자 영양소의 특질이므로 그중 하나를 '먹어선 안 되는 것'으로 치부하는 건 영양 불균형을 가져올 수밖에 없다.

현대인이 선조들에 비해 혈압이 높은 건 맞지만 그 이유가 전부 소금 때문인 것은 아니다. 소금을 적게 먹어도 혈압은 오른다. 오늘날 현대인의 혈압이 높아진 까닭은 무엇보다 충분한 영양 공급으로 신체 발달이 촉진되어 몸이 커진 것이 큰 이유이며, 시대가 복잡해지고 스트레스가 많아지면서 교감신경이 자극될 상황이 많아진 것이 또 다른 이유이다. 평균수명이 늘어나 고령 인구가 늘어났다는 점도 주목해야 한다. 나이가 들면 혈관의 탄력이 떨어지고, 혈액이 탁해지고, 혈압을 조절하는 장부의 기능이 저하되기 마련이다. 그러므로 전신에 혈액을 공급하려면 젊었을 때보다 혈압이 더 높아져야 한다. 이러한 노령층의 비중이 늘어나면서 혈압이 높은 사람의 비중도 늘어난 것이다.

혈압은 이와 같은 이유로 자연스럽게 높아진 것이며, 그 외에 개인적 특성도 있어 혈압 상승의 원인은 매우 다양하다. 핵심은, 혈압이 그처럼 높아지지 않으면 몸 곳곳에 혈액을 보낼 수 없기 때문에 높아졌다는 사실이다. 그러므로 혈압이 높아진 원인을 찾아야지, 무조건 혈압을 낮추려고만 해서는 오히려 우리 몸에서 혈액이 도달하지 못하는 부위가 생길 수 있다.

치료의 열쇠는 자연스러움에 있다

생명체의 모든 기관은 원래부터 생명을 잘 유지하는 쪽으로 작동되도록 되어 있다. 심장, 위, 폐 등 모든 기관이 그 주인의 건강과 반대되는 쪽으로 작동하는 일은 절대 없다. 혈압도 마찬가지다. 몸에 필요치도 않은데 이유 없이 높아지는 일은 결코 일어나지 않는다. 평상시라면 무리 없이 흘러갔을 테지만 혈관 어딘가가 막히거나 좁아져서, 또는 혈액을 많이 필요로 하는 일이 생겼거나, 혈액이 탁해져서 몸 전체에 혈액을 공급하기가 어려워졌기 때문에 압력을 더한 것이다. 이는 자연스러운 일이다. 그렇게 하지 않을 경우, 심장보다 위쪽에 있는 뇌나 심장에서 먼 곳에 있는 손끝과 발끝 모세혈관까지 혈액이 충분히 가지 못한다. 영양과 산소를 공급받지 못한 인체는 위기를 느껴 자연스럽게 혈압을 높인다. 자율신경이 본능적으로 작동하여 인체를 관리하는 것이다. 그러므로 혈압이 높다는 것은 혈관이나 혈액에 문제가 있다는, 몸이 보내는 구조신호라고 봐야 한다.

우리 몸은 여러 방식으로 우리에게 신호를 보낸다. 흔히 볼 수 있는 것이 통증이나 열, 염증 등이 그러하다. 예를 들어 몸 어딘가에 상처가 나면 즉시 통증이 느껴진다. 아프다는 것은 그 부위에 이상이 있다는 것을 알려주고, 현재 그 부위를 인체가 치료하고 있으니 관심을 가져달라는 신호다. 감기에 걸렸을 때 열이 나는 것도 마찬가지다. 열을 내게 해서 몸의 면역 활동을 활성화함과 동시에 활동 의욕을 떨어뜨려 쉬도록 유도하는 것이다. 습진이나 두드러기, 염증도 몸속에 노폐물이 쌓여 있다는 신호다. 몸속에 쌓여 있는 그 노폐물을 피부를 통해 배출하면서 '몸속에 노폐물 과부하가 걸렸으니 주의하세요'라고 신호를 보내는 것이다.

몸이 이런 신호를 보낼 때 우리는 어떻게 해야 할까? 그렇게 알려준다는 데 고마워하면서 그 신호가 어떤 의미인가를 생각해봐야 한다. 대개는 통증이 있으면 진통제를 먹고, 열이 나면 해열제를 먹고, 피부에 염증이 나면 연고를 바르는 것으로 끝내 버리는데 그렇게 하면 병을 더 키우는 것이다.

혈압이 올랐을 때도 고혈압이라는 신호를 보내준 데 대해 몸에 고마워하면서 왜 이런 상태가 되었을까를 생각해봐야 한다. 그동안 너무 기름진 음식을 많이 먹었나? 채소와 과일을 적게 먹고 물을 충분히 마시지 않았나? 스트레스에 시달리면서 술, 담배를 많이 하고 운동할 시간은 내지 못했나? 몸에 냉기가 들어왔거나 체온이 저하되지 않았나? 그렇게 자신의 생활습관과 식습관을 돌아보면서 몸이 보내는 신호에 호응하여 개선해나가야 한다. 그것이 바로 우리 몸이 가진 본래의 능력을 되살려주는 방법이며, 가장 자연스러운 해법이다.

건강은 자연스러운 상태를 말한다. 몸의 일부가 월등한 기능을 하도록 인위적으로 만드는 것이 아니라 내부 장기가 서로 도우면서 다른 장기의 역할을 방해하지 않는 상태, 이것이 건강이다.

그러한 자연스러움을 이루는 데 가장 중요한 요소가 건강한 혈관과 맑은 혈액이다. 혈관과 혈액이 건강해지려면 여러 가지 요소가 관여하지만 그 중에 가장 대표적인 것이 산화질소(NO)가 체내에서 잘 생성되어야 한다는 것이 연구 결과로 밝혀졌다.

건강한 사람은 체내의 산화질소 생성이 활발하게 이루어지고 있었다. 반면에 고혈압 등 질환을 가진 사람은 체내 산화질소가 고갈 상태였다. 건강을 회복하려면 산화질소가 인체 내에서 잘 만들어지는 몸이 되야 한다. 이 책에서는 어떻게 하면 혈관과 피를 맑게 하는 산화질소가 잘 생성되는 몸으로 만들 수 있는지를 중점적으로 살펴보고자 한다. 그에 앞서 우리가 어떻게 해서 자연스러운 인체의 회복기능을 잃게 되었는지부터 밝혀내야 할 것이다.

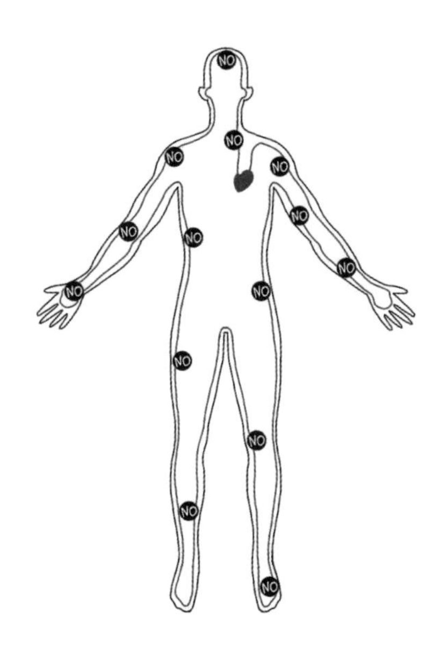

▶ 건강한 사람은 체내의 산화질소 생성이 활발하다

2장

고혈압은 약으로 치료되지 않는다

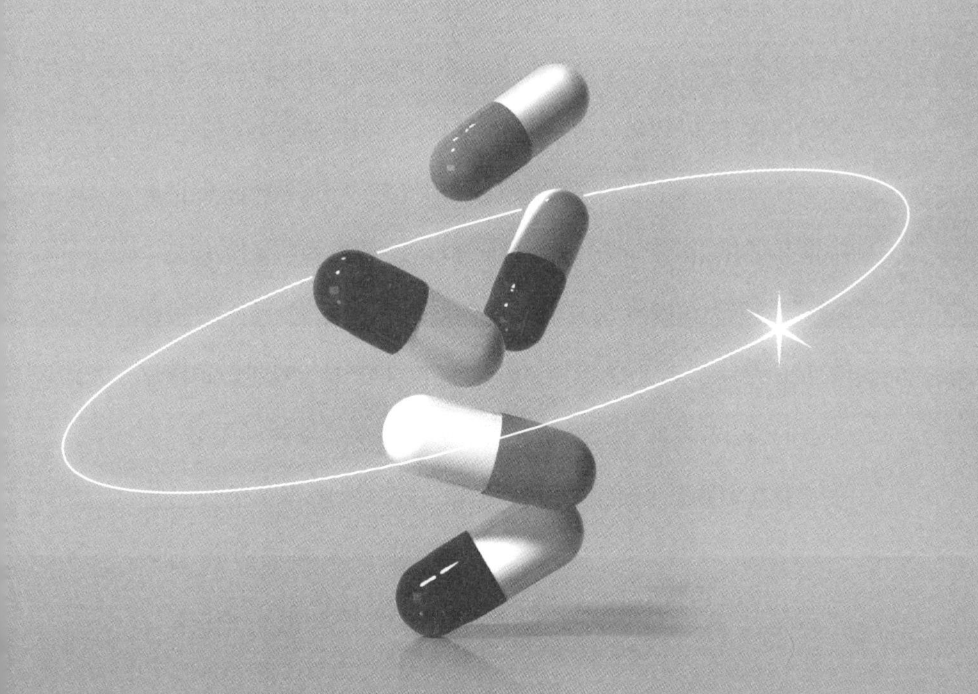

혈압은 180㎜Hg까지 정상이다

진료를 하다 보면 수많은 사람을 만나게 된다. 누구나 자기 직업과 관련된 사람을 가장 많이 만나게 되듯이, 나 역시 한의사로 살면서 가장 많이 만나는 사람은 환자들이다. 나를 찾아온 환자가 점점 건강해지는 모습을 보면서 행복을 느끼고, 함께 애썼으나 좀처럼 차도를 보이지 않으면 마음이 무거워진다. 예컨대 학교 선생님이면 머릿속이 학생들로 꽉 차 있듯이 내가 하는 생각의 90% 이상은 환자들에 관한 것이다. 어떤 면에서 환자들과의 관계는 내가 세상을 보는 하나의 창이라고도 할 수 있다.

그런데 최근 몇 년 새에 그 창을 통해 특이한 모습이 많이 보인다. 10여 년 전만 해도 연세 있으신 분들에게나 해당한다고 여겼던 문제를 요새는 30, 40대도 걱정한다는 것이다. 특히 고혈압이 그렇다. 정기 건강검진을 받다가 알게 됐다면서 '고혈압이 생겨 약을 먹고 있다'는 사람이 부쩍 늘었다.

그런 말을 들을 때마다 나는 이상한 생각이 든다. '감기에 걸렸다'거나 '전염병에 걸렸다'고는 말할 수 있겠지만, '고혈압이 생겼다'거나 '고혈압증이다'라는 표현은 적절하지 않기 때문이다. 혈압은 특정한 수치에 계속해서 머물러 있는 게 아니다. 여름과 겨울에 따라서, 하루 중 낮과 밤에 따라서도 차이가 나고, 스트레스를 받거나 흥분을 하거나 격한 운동을 하면 올랐다가 몸이 안정되면 혈압도 안정된다. 몸이 필요에 따라 자율적으로 조절하는 것이 혈압이다.

혈압이 필요에 따라, 상황에 따라 오르내린다는 점은 아마도 대부분이 알고 있을 것이다. 하지만 막상 병원에 갔는데 의사가 "고혈압이십니다. 이 상태로 그냥 두면 중풍으로 쓰러질 수도 있으니 혈압약을 드셔서 혈압을 낮춰야 합니다"라고 말하면 겁을 먹게 마련이다. 갑자기 건강염려증이 생기고, 그때부터는 말 그대로 환자가 된다. 혹시라도 약을 빼먹어서 이상이 생기면 어쩌나 노심초사하게 되고, 수시로 혈압을 체크해서 기록하느라 스트레스를 받는다.

물론 어느 정도 이상 혈압이 지속적으로 상승하면 심장과 혈관에 부담이 될 수는 있다. 그렇지만 혈압은 단순히 수치만으로 위험 여부를 판단할 수 없다. 사람에 따라 다르지만, 180㎜Hg를 기록해도 정상인 경우가 있으며 그보다 한참 낮은 150㎜Hg인데도 신경 써야 하는 경우도 있다. 이는 여러 연구 결과로 입증된 사실이며, 미국 웨이크 포레스트 대학교 교수이자 심장 전문의인 커트 퍼버그(Curt D. Furberg)는 "160㎜Hg의 혈압을 가진 사람이라도 현재 건강하면 굳이 강압제로 치료하지 않아도 된다"고 말했다. 40년 이상 줄잡아 10만 명을 진찰해온 하마 로쿠로 박사, 마쓰모토 미쓰마사 박사 역시 180/100㎜Hg까지는 혈압약을 먹지 않는 것이 더 좋다고 충고한다.

중요한 것은 혈압의 수치가 아니다. 혈압의 수치는 각 개인에 따라 부담을 주는 정도가 다 다르다. 자신의 몸이 어느 정도 혈압에서 부담을 느끼게 되고, 불편한 자각 증상이 생기는가가 중요하니 평소에 자기 몸을 잘 살피는 습관이 필요하다.

혈압은 몸이 보내는 신호일 뿐이다

평소에 우리 몸은 '정상 압력'으로도 몸이 원하는 혈액을 전신에 충분히 공급할 수 있다. 그런데 몸이 피곤하거나 스트레스를 받거나 음식을 먹고 체하는 등의 위기 상황이 발생하면 기존의 방식으로는 전신에 혈액의 공급이 되지 않으니 인체의 건강을 유지하기 위해서 혈압을 좀 더 높인다. 그리고 그 위기 상황이 지나 정상적인 상황이 되면 다시 이전의 혈압으로 되돌아온다. 이처럼 혈압은 수시로 오르고 내리면서 인체를 조율하는 생리적 반응이자 인체의 항상성을 유지하는 장치다. 혈압은 매일 벌어지는 상황에 따라서, 나이에 따라서는 하루에도 여러 번, 그리고 계절과 날씨의 변화에 의해서도 미묘하게 달라진다.

혈액에는 산소, 영양소, 호르몬 등 우리 몸이 정상적으로 작동하는 데 필요한 물질들이 들어 있다. 그리고 이 혈액을 몸 곳곳에 운반하기 위해 심장에서부터 손끝, 발끝에까지 혈관이 뻗어 있다. 심장과 심혈관계는 인체에서 가장 크고 중요한 인체 시스템이다. 이들의 주요 기능은 전신의 조직에 산소와 중요한 영양소를 운반하고 대사 과정에서 만들어진 노폐물을 몸 밖으로 내보내는 것이다.

우리 몸의 대부분 기관은 일이 있을 때는 열심히 하되 일을 마치면 쉬는 시간도 주어진다. 하지만 심장만큼은 자나 깨나 잠시도 쉬지 않고 일하고 있다. 심장이 멈추면 혈액이 돌지 않아 생명이 그대로 끝나기 때문이다. 사람의 심장은 매일 10만 번 뛰면서, 체내 10만 킬로미터의 혈관을 통해 9,500~1만 9,000리터의 혈액을 실어 나른다. 이를 평균 수명으로 계산하면 평생 25억 번을 박동하고 3,750억 리터의 혈액을 운송하는 셈이 된다.

혈압은 지나치게 높아도 문제가 되지만, 오히려 지나치게 낮아지면 더 문제가 된다. 혈압이 충분하지 않으면 혈액이 온몸 곳곳에 도달할 수 없다. 반면 혈압이 높은 상태가 오랫동안 지속되면 혈관벽에 부담을 주고 때로는 상처를 입힐 수도 있다. 그래서 우리 몸은 자율신경계라는 일꾼을 두어 몸이 필요로 하는 압력에 맞춰 혈압을 자율적으로 조절하도록 했다.

자율신경계는 항상 안테나를 세우고 몸 곳곳을 모니터링하면서 최적의 판단을 하고 실행 지시를 내린다. 자율신경은 스트레스에 가장 큰 영향을 받는다. 따라서 혈압 역시 스트레스와 관련이 깊다. 화를 내거나, 긴장되거나, 초조하고 불안할 때면 혈압이 올라간다. 자율신경계 중에서 교감신경이 자극을 받기 때문이다. 교감신경은 몸을 순간적으로 긴장시켜 외부의 위험에 효율적으로 대처하도록 해준다. 그러다가도 스트레스 상황이 지나가서 평상심을 되찾으면 혈압도 정상으로 돌아온다. 이때는 부교감신경이 나서서 몸을 휴식과 이완으로 이끌기 때문이다. 즉, 교감신경이 항진되면 심박출량이 늘어나고 말초혈관이 수축되어 혈압이 높아지고, 부교감신경이 항진되면 그와 반대의 상태가 되어 혈압이 낮아진다.

문제가 사소할 때는 자율신경이 조절함으로써 금세 해결할 수 있지만, 오랜 시간 축적되어 문제가 커졌을 때는 몸에 평소와 다른 변화가 나타난다. 몸에 변화가 나타나면 그것이 어떤 신호인지를 먼저 파악해야 한다. 예컨대 혈압이 높아졌다면, 기존 혈압으로는 필요한 양의 혈액을 공급하지 못하게 되었다는 신호다. 신호를 파악한 후에는 자율신경계에 호응하여 몸에 이로운 방향으로 함께 조치를 취해주어야 한다. 예를 들어 혈압이 높아진 것이 혈액이 탁해졌기 때문이고, 그 원인이 과식과 흡연이라면 그 습관을 바꿔야 한다.

혈압은 하루에도 수시로 변한다. 건강한 사람은 운동을 할 때나 위험을 감지하여 긴장했을 때 일시적으로 혈압이 올랐다가도 그 상황이 지나가면 정상으로 돌아온다. 그러나 이런 자연스러운 혈압의 변동과 관계없이 오랫동안 혈압이 높은 경우를 '고혈압'이라고 한다. 즉, 고혈압은 어떤 원인에 의해 동맥 내 압력이 높아졌음을 나타낸다. 고혈압이란 말 그대로 혈압이 높아진 상태를 나타내는 것이며, 그 자체가 질병이라는 뜻이 아니다.

혈압이 높아질 때는 인체에 그래야 할 이유가 있기 때문이다. 만약 혈압이 높아져야 하는데 그렇지 못하면 오히려 더 심각한 문제가 발생할 수도 있다. 이는 자율신경계가 제대로 작동하지 못한다는 의미이고, 몸이 스스로 항상성을 유지하는 데 문제가 생겼음을 나타내기 때문이다. 내가 높은 혈압의 상태에만 주목할 것이 아니라 그 속에 숨겨진 몸의 변화에 귀기울이라고 주장하는 이유이다.

현대인의 혈압이 높아진 진짜 이유

혈압이 상승하는 이유는 다양하다. 더욱이 사람마다 생활환경이 다르고 일상적인 습관도 다르므로 혈압 상승의 이유는 셀 수 없이 많아진다.

우선 인간은 대다수 동물에 비해 혈압이 높다. 이는 중력의 영향을 받기 때문이다. 지구상 만물은 중력의 영향에서 벗어날 수 없으며, 혈액 역시 예외가 아니다. 액체는 높은 곳에서 낮은 곳으로는 잘 흐르지만, 낮은 곳에서 높은 곳으로 흐르려면 중력을 이길 수 있는 에너지가 필요하다. 예를 들어 네발로 다니는 동물은 혈압이 높지 않다. 대부분 장기와 조직이 심장과 비슷한 높이이거나 낮아서 중력의 저항을 거의 받지 않기 때문이다. 그와 반대로 중력의 저항을 크게 받는 동물도 있다. 대표적인 예가 있다면, 바로 기린이다. 기린은 긴 목을 거쳐 머리까지 피를 펌프질해서 올려보내야 하기 때문에 혈압이 250㎜Hg를 넘는다. 그러려면 심장도 커야 해서 그 무게가 약 12kg이나 된다. 인간도 네발로 다닐 때에는 지금에 비해 혈압이 무척 낮았지만, 직립 보행을 하게 되면서 혈압이 높아졌다. 뇌에 혈액을 공급해야 하기 때문이다. 더욱이 뇌는 인체 중 혈액을 가장 많이 사용하는 곳이므로 혈액도 더 많이 필요로 한다.

인간은 선조들에 비해 현대로 올수록 혈압이 점차 높아졌다. 왜 그럴까?

첫째는 우리 몸 자체가 커졌기 때문이다. 알다시피 압력은 길이에도 영향을 받는다. 같은 수돗물이라도 1미터짜리 호스를 흐르는 것과 10미터짜리 호스를 통과하는 데에는 필요한 힘이 다르다는 얘기다. 예전 사람들에 비해 덩치가 커진 만큼 혈관의 길이도 더 늘어났기 때문에 당연히 혈압도 높아야 한다.

둘째는 영양이 좋아졌기 때문이다. 예전에 비해 섭취하는 영양분이 급격히 늘어나면서 몸이 미처 소진하지 못하는 과다 영

▶ 신체 크기의 변화

▶ 영양 과다 섭취

▶ 평균 수명 증가

양소가 혈액 속에 남게 되었기 때문이다. 더욱이 그 과다 영양소가 대부분 당분과 지방이어서 혈액을 끈끈하게 만든다. 혈액이 맑지 못하면 흐르는 속도가 떨어지기 때문에 순환시키는 데 더 센 압력을 필요로 한다.

셋째는 평균 수명이 늘어났기 때문이다. 사람이 나이를 먹을

수록 몸의 각 기관도 당연히 나이를 먹게 되어 기능이 서서히 저하되어 간다. 혈관의 경우는 몇십 년에 걸쳐 쌓인 노폐물로 좁아져 있기 쉽고 혈관 자체의 유연성도 떨어진다. 예전에는 평균 수명이 오늘날보다 짧았지만, 지금은 100세 시대라고 이야기할 만큼 노령 인구가 늘어났다. 그래서 통계적으로 고혈압 인구가 증가한 것이다.

넷째는 사회가 복잡해지면서 스트레스가 많아졌기 때문이다. 스트레스는 교감신경을 자극하여 혈관을 위축시킨다. 좁아진 통로로 같은 양의 액체를 내보내려면 당연히 더 큰 힘이 필요하다.

이상에서 봤듯이 현대인 중에 혈압 높은 사람이 많은 것은 시대적인 변화에 따른 자연스러운 현상이다. 그런데도 이를 이해하지 못하고 혈압이 일정 수치를 넘어서면 무조건 '고혈압 환자'로 분류하고 있으니 참으로 안타까운 일이다.

고혈압 인구 1천만 명 시대의 진실

고혈압 환자의 증가 추세는 세계적인 현상이다. 세계보건기구(WHO)는 전 세계 70억 인구 중 10억 명이 고혈압이라는 통계치를 발표하기도 했다. 우리나라 역시 고혈압 환자 수가 1,000만 명을 넘어선 지 오래다. 전체 인구가 5,000만인데 그중 1,000만이니 5명 중 1명이 고혈압 환자인 셈이다. 이를 30세 이상 인구로 좁혀보면 3명 중 1명이라는 무시무시한 비율이 된다. 더욱이 매년 환자 수가 60만 명 이상씩 증가한다고 보고되고 있다.

고혈압 환자는 왜 갈수록 늘어나는 걸까? 여기에는 여러 이유가 있지만 가장 큰 이유는 '혈압의 정상수치를 지나치게 낮게 조정한 결과'다.

지난 100년 사이에 혈압의 정상수치는 여러 차례에 걸쳐 낮춰졌다. 혈압과 관련한 기준 수치가 맨 처음 등장한 것은 1900년대 초반, 독일에서다. 이때는 '최고 혈압 160㎜Hg 이상이거나 최저 혈압 100㎜Hg 이상'인 경우를 고혈압이라 했다. 당시 이 수치에 의한 독일 내 고혈압 환자는 700만 명이었다. 이후 1974년에 독일 고혈압퇴치연맹이 설립되면서 '최고 혈압 140㎜Hg 이상이거나 최저 혈압 90㎜Hg 이상'이라는 새로운 수치를 설정했다. 그러자 갑자기 고혈압 환자의 수가 2,100만 명으로 무려 3배나 늘어났다. 어제까지 건강하던 사람이 하룻밤 새에 환자가 되어 약을 먹어야만 하는 처지가 된 것이다.

30년 후인 2003년 5월에는 미국 고혈압합동위원회(JNC)가 제7차 보고서를 내면서 정상 혈압 범위를 '120/80㎜Hg'으로 대폭 낮추었다. 그리고 최고 혈압 120~139㎜Hg, 최저 혈압 80~89㎜Hg에 '고혈압 전단계'라는 명칭을 붙였다. 이 범위에 속하는 사람들은 향후 고혈압으로 진행할 가능성이 높으므로 사전에 관리해야 한다는 의미다. 2013년에 제시된 JNC 8차 보고서에서는 약물치료를 할 수 있는 고혈압 기준을 60세 이상은 150/90㎜

Hg, 60세 미만은 140/90㎜Hg으로 정했다. 우리나라에서도 현재 이 수치를 적용하고 있다.

우리나라의 혈압 판정 기준

분류	수축기 혈압(㎜Hg)	조건	이완기 혈압(㎜Hg)
정상	120 미만	및	80 미만
고혈압 전단계	120~139	혹은	80~89
제1기 고혈압	140~150	혹은	90~99
제2기 고혈압	160 이상	혹은	100 이상

우리나라 혈압 판정 기준은 1977년에 처음으로 정해진 이래 지금까지 6차례 개정되었다. 그리고 정상수치와 고혈압 명칭도 수시로 바뀌었다.

우리나라 정상 혈압 기준 변화(연도별)

결정연도	수축기 혈압(㎜Hg)	조건	이완기 혈압(㎜Hg)
1988	140 이상		85 이하
1992	130 이상		85 이하
1997	130 이상	및	85 이하
2003	120 이상	및	80 이하

일본도 우리나라의 실정과 비슷하다. 1987년의 고혈압 기준

치는 180/100㎜Hg이었으나, 2008년에는 130/85㎜Hg가 되었다. 약 20년 사이에 고혈압 기준이 50㎜Hg이나 낮아진 것이다.

고혈압 기준치의 변천과 환자 수의 증가 추이

연도	고혈압 기준치(㎜Hg)	환자 수
1987	180/100	230만 명
2004	140/90	1600만 명
2008	130/85	3700만 명
2011	130/85	5500만 명

(출처: 일본 통계청 자료)

지금은 누구나 혈압이 130/85㎜Hg를 넘으면 고혈압으로 분류되어 혈압약을 처방받게 된다.

1980년대 230만 명이던 일본의 고혈압 환자가 지금은 5,500만 명으로 늘었다. 무려 20배 이상의 증가율이다. 2004년에서 2008년의 통계치를 보면 고혈압 기준치를 10㎜Hg 내리자 2,000만 명 이상의 새로운 환자가 생겼음을 알 수 있다. 매년 150만 명이 늘어나는 추세이니 2015년에는 거의 6,000만 명을 넘어설 것으로 예상된다.

머지않아 고혈압 수치는 130㎜Hg에서 120㎜Hg으로 내려갈 전망이다. 일본은 혈압의 정상수치를 20년 동안 50㎜Hg 낮췄다.

현대는 예전에 비하여 살아가는 데 혈액을 더 많이 필요로 하는 사회이므로, 혈압이 높아질 수밖에 없다. 그런데도 '정상수치'라는 잣대는 오히려 기준 혈압을 낮추는 쪽으로 나아가고 있다. 급기야 최근 미국의 한 혈압 측정 권고 지침에는 다음과 같은 문구가 등장했다. "모든 세 살 이상 어린이는 혈압을 집단적으로 검진하는 것이 바람직하다." 서른 살도 아니고 세 살짜리 아이조차 혈압을 재야 한다는 얘기다. 이를 두고 의료계에서는 "뭐 하러 세 살까지 기다립니까? 탯줄을 자르자마자 혈압부터 재지 그래요?"라는 비아냥까지 나오고 있다.

한마디로 환자 수를 늘리기 위한, 눈에 뻔히 보이는 속임수라 하겠다. 그렇다면 환자 수가 늘어나서 득을 보는 사람들이 있다는 뜻인데, 그게 누구일까?

약을 권할 수밖에 없는 의료시스템

혈압의 정상수치를 낮추면 혈압약의 수요는 기하급수적으로 늘어난다. 혈압약은 평생 먹이는 약이므로 고혈압 환자는 제약회사들에게 아주 좋은 먹잇감이 된다. 혈압의 정상수치를 낮추어 평생 소비해줄 환자를 만들어내는 이들을 '고혈압 마피아'라고 한다. 고혈압 마피아란 혈압약 시장을 둘러싸고 강하게 결속된 이익집단을 가리키는 말로, 제약회사를 중심으로 세계 의료 정책을 좌우하는 기관과 단체들로 이루어져 있다. '혈압의 정상수치'의 폭을 좁힐수록 환자는 기하급수적으로 늘어나니 이들 입장에서는 땅 짚고 헤엄치기가 아닐 수 없다.

고혈압 마피아 집단의 가장 중심에 있는 것은 제약회사다. 이들은 대규모로 형성된 혈압약 시장에서 벌어들인 돈으로 학계와 언론과 정계를 조종한다. 학계와 언론과 정계는 이익을 확대하고 재생산하는 충실한 도구로 전락한 지 오래다. 자신들에게 이로운 정보는 확산시키고 불리한 정보는 묻어버리는 등의 수법으로 입맛에 맞는 제도와 규칙을 만들기 위해 서로 긴밀히 협력한다. 인류의 건강을 위해 일한다는 빛 좋은 허울 뒤에는 질병을 돈벌이로 만드는 리베이트라는 매스꺼운 뒷거래가 존재한다. 이에 대해 각국의 양심 있는 의사와 학자들이 강력히 반발했으나 의료 권력은 귓등으로도 듣지 않았다. 자신들의 이권에만 혈안이 되어 있을 뿐 인류의 건강과 질 높은 삶에는 아예 관심이 없는 것이 현실이다.

제약회사들에게 후원을 받는 소수의 학계 권위자가 질병을 정의하고, 제약회사의 대대적인 마케팅이 사람들에게 영향을 미치며, 그 정보에 의지하여 약을 과도하게 복용하는 과정이 되풀이되고 있다. 이것은 명백하게 터무니없는 일이며 인류의 건강에 해를 끼치는 일이기도 하다.

고혈압 치료제는 세계적으로 해마다 약 500억 달러(60조 원)

가 판매되며 이미 황금 시장으로 자리 잡은 지 오래되었다. 우리나라 역시 이 추세에서 예외가 아니다. 고혈압 진단을 받음과 동시에 혈압약은 평생 먹어야 하는 것으로 알고 있기 때문에 한 번 복용을 시작하면 계속해서 약값을 지출해야 한다. 그러다 보니 혈압약 판매고가 2007년에 이미 1조 원, 2015년 2조 원을 넘어섰다. 2007년 당시 국내 의약품 시장의 규모가 9조 원대였다는 점을 생각하면 단일 품목인 혈압약이 차지하는 비중이 10%를 넘었다는 뜻이다. 이는 지극히 이례적인 일이다. 일본은 1980년대 2조 원 정도였다가 2008년에 다섯 배나 증가해서 10조 원 가량이 되었다. 일본에서도 가장 많이 소비하는 약이 혈압약이다.

제약회사들은 약을 판매하기 위해 새로운 질병을 끊임없이 창조해낸다. 누구나 흔히 겪는 가벼운 증상도 약물이 필요한 병이라고 생각하게 만들고, 자연적인 노화 과정도 의학적 치료가 필요한 질병이라고 인식시킨다. 이전에는 그저 불편함 정도로 여겨왔을 각종 통증이나 탈모, 주름살, 성적 트러블 같은 상황들에 처했을 때 약을 사 먹거나 병원을 찾도록 만드는 것이다.

이 중에서 '새로운 질병의 창조'라는 말이 어떤 의미인지를 곱씹어볼 필요가 있다. 마치 '신제품의 개발'이라는 느낌을 주고 있지 않은가? 우리 삶을 더 편리하게 해줄 이로운 제품이라도 내놓는다는 식으로. 하지만 이는 실상 엄청나게 위험한 발상이다. 그냥 두면 몸이 저절로 치료할 단순한 증상들에조차 병이라는 이름을 붙여 약을 먹이겠다는 뜻이기 때문이다.

환자 스스로가 이런 엉터리 의료체계에 문제의식을 가져야 한다. '무조건, 평생 먹어야 할 약'을 치료제라고 부르는 게 마땅한 것인지 말이다.

약을 먹어야 하는 환자는 극히 일부다

혹시 당신도 고혈압 진단을 받았고 혈압약을 복용하고 있다면, 약을 끊기에 가장 어려운 문제는 무엇인가? 아마도 '혈압이 높으면 중풍으로 쓰러져 반신불수가 될 수도 있다'는 공포감과 두려움이 아닐까 생각한다. 나는 항상 환자들에게 "약은 독이니 드실 때 신중하셔야 합니다"라고 이야기하고, 몸이 제 기능을 되찾을 때까지 약을 끊고 노력해보자고 말씀드린다. 그러면 하나같이 "안 돼요!"라는 반응이 나온다. 병원에서 의사 선생님이 절대 빼먹지 말고 먹으라 했다고, 안 그러면 큰일 난다고 했다는 것이다.

공포감은 고혈압이라고 확정적인 진단을 받은 사람들에게만 있는 게 아니다. 아무런 불편 증상 없이 생활하고 있었는데, 정기 건강검진을 받고 "혈압이 약간 높은 편이네요" 소리를 들으면 그 말이 머릿속에 박힌다. 젊은 사람들 중에는 '고혈압 전 단계' 진단을 받았다는 이들도 많다. 그때부터 이들에겐 건강에 대한 걱정이 떠나지 않게 된다. 더욱이 현대 사회는 정치·경제적인 상황만이 아니라 일상의 부대낌만으로도 혈압 오를 일이 한두 가지가 아니기에 대부분 사람이 한 번쯤은 자신의 혈압 문제를 심각하게 걱정하게 된다.

혈압의 정상수치는 나이, 성별, 체질, 유전적인 영향에 따라 다를 수밖에 없다. 혈압약을 복용해서 혈압을 낮춰야 하는 이유로 항상 등장하는 것이 뇌와 심장·신장에 이상이 생길 수 있다는 점, 그리고 심근경색·뇌경색·뇌출혈을 막기 위해서라는 점이다. 그런데 과연 혈압 수치가 높게 나온 모든 이들에게 같은 문제를 적용할 수 있을까?

물론, 혈압약을 먹어서라도 혈압을 낮추는 것이 급선무인 경우도 존재한다. 최고 혈압이 200㎜Hg을 넘기는 응급 환자의 경우가 그렇다. 혈압이 그렇게까지 높으면 혈관벽이 압력을 견디기 어려워 터질 수도 있다. 특히 뇌로 가는 혈관이 약할 경우 뇌출혈이 발생할 위험이 높아진다. 이런 뇌출혈의 우려가 있는 사람들은 조심해야 하고, 최고 혈압이 200mmHg을 넘어가는 기간이 지속되면 혈압을 낮추기 위해 노력해야 한다. 그러나 그런 응급 환자는 극히 일부다. 이는 다시 말해 반드시 혈압약을 먹어야 하는 환자도 극히 일부라는 뜻이다.

많은 환자를 대하다 보면 동맥경화가 진행되지 않았는데 혈압이 높은 사람들도 보게 된다. 그런 사람들은 정신적으로 스트레스를 많이 받거나, 수면이 부족하거나 육체적인 피로가 심하여 인체에 혈액 사용량이 늘었기 때문이다. 인체가 혈액을 많이 필요로 하니 심장의 박출량이 늘어나서 혈압이 상승한 것이다. 이런 경우에 원인을 해소하지 않고 약만 복용해서는 건강만 악화시킬 뿐 나아질 게 없다.

약을 먹어서 혈압은 정상수치 범위로 낮아졌지만, 스트레스와 수면 부족, 피로가 계속된다고 해보자. 몸은 계속해서 혈액을 요구하는데, 약을 먹어서 공급량을 제한하니 어떤 일이 일어나겠는가? 부족한 영양과 산소로 몸의 각 기관이 기능을 수행하는데 곤란을 겪음은 물론, 장기적으로는 자율신경이 제대로 작동하지 못하게 된다. 이는 혈압약으로 인해 발생할 수 있는 가장 큰 폐해 중 하나다. 혈압을 정상수치로 맞추는 것이, 이런 대가를 치르고도 얻어야 할 만큼 대단한 일일까?

의사는 약을 즐겨 먹지 않는다

'모든 약은 독'이라고 서양의학의 약리학 교과서에도 분명히 적혀 있다. 많은 책에서 수없이 나오는 말이다. 양약만 그렇다고 얘기하는 게 아니다. 한약도 마찬가지다. 강하게 쓰는 약일수록 몸에 무리를 주기도 한다. 다만 한약은 자연에서 나온 것이고, 법제를 통하여 독성을 완화하거나 제거하여 사용하니 덜 해롭다. 이에 비해 양약은 실험실에서 화학물질을 인공적으로 합성한 것이기 때문에 더 나쁠 수밖에 없다. 견디기 어려울 만큼 통증이 심하거나, 당장 응급 처치가 필요한 경우에는 일시적으로 양약을 복용하는 것이 도움이 될 수 있다. 하지만 그런 경우에도 어지간하면 양약을 먹지 않고 회복하는 것이 인체에는 유익하다.

양약이 나쁘다는 사실을 의사들이라고 해서 모를 리 없다. 아니 일반인보다 훨씬 자세히, 더 많이 알고 있다. 하지만 대부분의 의사는 약을 줄이거나 끊으라고 하지 않는다. 특히 방송 등의 매체에 출연하는 잘나간다는 의사일수록 "약을 끊으면 안 됩니다", "처방받은 약은 전부 먹어야 합니다"라고 주장한다. 그분들이 만약 "약은 독이니 불가피한 경우에만 먹어야 합니다"라고, 의사로서의 양심을 걸고 이야기해주었다면 어땠을까? 최소한, 고혈압으로 인해 나타날 수 있는 2차 질병이 지나치게 과장되었다는 점만 짚어주었더라도 어땠을까? 어쩌면 지금과 같은 혈압약 만능주의의 상황까지는 오지 않았을 것이다.

양약은 문제가 되는 증상을 완화시키기는 하지만, 어디까지나 화학물질이므로 몸의 다른 곳에는 다양한 부작용을 일으킬 수 있다. 몸에 들어간 양약, 즉 인공으로 합성한 화학물질은 다양한 화학반응을 거치면서 간에서 무해한 물질로 바뀐다. 그런 다음 신장을 거쳐 소변으로 나가거나 담즙 등과 함께 소화관에서 대변이 되어 몸 밖으로 배출된다. 그래서 양약을 오래도록 먹으면

간이나 신장에 지나친 부담을 주게 된다. 화학물질을 완전하게 처리하지 못해서 몸에 이물질로 쌓이며, 거기에서 나오는 독성으로 자가 치유력이 크게 손상된다. 또한 모든 양약은 교감신경을 항진시키므로 체온을 떨어뜨려 면역력을 약화시킨다.

양약을 계속 복용할 때 또 다른 문제도 생긴다. 약성이 점차 떨어져 내성이 생긴다는 점이다. 우리 몸은 무척 영특해서 한 번 처리해본 물질은 그다음에는 처리 속도가 더 빨라진다. 이는 장기뿐만 아니라 암세포들도 마찬가지다. 그래서 항생제나 항암제 등의 효과가 갈수록 떨어지는 것이다. 그렇게 되면 복용량을 늘려야 하고, 이는 또다시 약효의 저하를 가져와 다시 약을 늘려야 하는 악순환에 빠진다.

가장 무서운 일은, 우리 몸은 기계가 아니기에 약을 끝없이 늘릴 수는 없다는 사실이다. 결국엔 약을 아무리 많이 먹어도 효과는 없고 부작용 때문에 고통을 겪는 상황에 빠지고 만다.

약은 약대로 먹고, 병은 병대로 늘었다

우리 몸은 기계가 아니다. 몸이라는 전체 조직에서 모든 기관과 장부가 유기적으로 영향을 주고받으며 생명을 이어간다. 몸에 있는 작은 솜털 하나, 피 한 방울까지도 제 몫을 하며 우리 몸으로 들어가는 밥 한 술, 물 한 모금도 역할을 한다. 그러니 화학물질 덩어리인 혈압약을 수년간 복용토록 하면서 아무 이상이 없기를 바라는 거의 불가능하다.

몸에 들어오는 모든 것은 대사 작용을 통해 처리되어 사용될 것은 사용되고, 필요한 것은 저장되며, 불필요한 것은 배출된다.

이 과정이 자연스럽게 반복되어야 건강이 유지된다. 그런데 만약 그중 하나에서라도 과부하가 걸려 삐걱거리면 나머지 과정도 연쇄적으로 문제를 일으키게 된다. 사용과 저장, 배출이 원활하게 이뤄져야만 한다는 뜻이다.

약을 지나치게 많이, 오랫동안 복용했을 때 가장 우려되는 단계는 독소배출이다. 대사된 노폐물이 너무 많아 제대로 빠져나가지 못하고 독소를 생성하여 몸을 공격하기 때문이다. 이를 몸이 산성화된다고 말한다. 이미 지적했다시피 약은 간에서 해독작용을 거친다. 이때 활성산소가 발생하는데 이것이 우리 몸을 산성화시키는 것이다. 쉽게 접할 수 있는 가공식품, 물과 공기의 오염, 스트레스 등으로 우리는 가뜩이나 몸이 산성화되기 쉬운 환경에서 살아가고 있다. 여기에 약이라는 독까지 추가되면 산성화는 더욱 가속화될 수밖에 없다.

▶ 약은 인체를 산성화 시킨다

산소는 우리가 살아가는 데 없어서는 안 되는 물질이다. 그런데 산소가 우리 몸에서 대사되는 과정에서 일부가 활성산소로 바뀐다. 활성산소는 말 그대로 활동력이 높은 산소라는 뜻으로, 반응성이 매우 강하다. 우리 몸에 침투한 세균이나 바이러스를 죽이는 유익한 역할을 하는 반면, 멀쩡한 신호체계에 혼란을 주거나 세포의 생성을 방해하기도 한다. 그래서 적정량의 활성산소는 면역력을 높여주지만, 이 역시 지나칠 경우 문제가 된다.

지나친 활성산소는 세포가 재생되는 것을 막기 때문에 노화의 주범으로 지목되고 있다. 또한 세포를 무차별 공격하기 때문에 암, 당뇨병, 동맥경화 등 각종 질병의 발생 원인으로 여겨진다. 당뇨병과 동맥경화는 혈액이 탁하다는 걸 보여주는 대표적인 질병이다. 혈액이 탁해지면 혈액순환이 원활히 이뤄지지 않으므로 우리 몸은 혈압을 높인다. 결국 이건 무슨 얘기인가. 고혈압을 잡기 위해 혈압약을 먹었지만, 약 때문에 활성산소가 늘어나 혈액이 탁해지고, 혈압이 높아지는 결과가 된다는 것이다.

이런 악순환에 빠지지 않으려면 약을 먹어 혈압을 낮추려고 하기보다는 혈압이 높아진 근본적인 원인이 어디에 있는지를 찾아야 한다. 그렇지 않으면 약은 약대로 먹고 병은 병대로 얻는 최악의 결과가 펼쳐질 수 있다.

3장

고혈압 잡으려다 병을 키운다

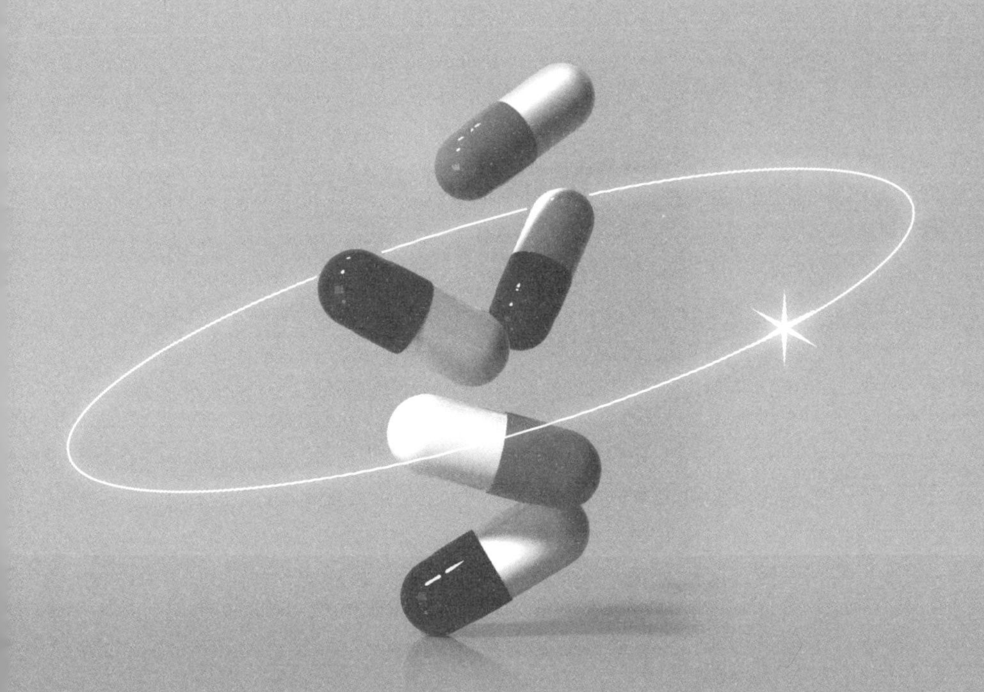

혈압은 어느 때 상승하는가

혈압이 높다는 이유 때문에 생으로 환자가 되어 고생하고 싶지 않다면 혈압이 오르는 이유를 알고 있어야 한다. 그래야 정확히 대처하여 근본적으로 치료할 수 있다. 혈압이 상승하는 이유는 워낙 다양하지만 크게 세 가지로 요약할 수 있다. ① 심장 박동수가 증가하거나, ② 혈관 속 혈액량이 늘어나거나, ③ 혈액이나 혈관의 상태가 나빠지는 경우다.

첫 번째, 심장 박동수를 살펴보자. 계단 오르기나 달리기 같은 힘든 운동을 하거나 스트레스를 받아서 화를 내면 다량의 산소가 요구되므로 심장이 박동수를 늘린다. 심장 박동수가 증가하면 심장에서 내보내는 혈액의 양이 증가하니 혈압이 상승하고, 심장 박동수가 감소하면 심장에서 내보내는 혈액의 양이 감소하니 혈압이 내려간다. 심장에서 내보내는 혈액량이 많아지면, 그 많은 혈액의 흐름에 맞서 말초혈관의 저항이 증가하니 혈압이 상승할 수밖에 없다.

심장 박동수가 증가하는 이유는 몸을 많이 움직이거나 흥분 상태가 되어 근육과 장기에 혈액이 많이 필요해지기 때문이다. 반면 휴식을 취하거나 잠을 잘 때는 혈액이 많이 필요치 않으므로 심박수가 감소하여 혈압이 저하된다. 이와 같은 일을 하는 곳이 자율신경계로, 혈관을 확장시키거나 수축시켜서 혈압을 조절한다.

두 번째, 혈액의 양을 보자. 여기서의 혈액량은 심장에서 뿜어져 나오는 혈액량이 아니라 혈관에 존재하는 혈액량을 말한다. 혈관에 존재하는 혈액의 양이 늘어나면 혈압이 올라가고, 혈액의 양이 줄어들면 혈압은 내려간다.

혈관 속 혈액량과 관계가 깊은 것은 수분이다. 혈액을 구성하는 성분 중 혈장(수분)이 55%다. 혈장(수분)이 감소하면 혈액량이 감소하여 혈관 내의 압력이 저하되고, 수분이 많아지면 혈액량이 많아져 혈관 내의 압력이 상승한다. 혈액의 양이 증가하는 이유로 비만을 들 수 있다. 살이 찌면 그만큼 혈액도 많이 필요해진다. 체중을 줄이면 혈압이 내려가는 이유가 바로 이 때문이다.

그리고 염분도 혈액량과 밀접한 관계가 있다. 염분을 지나치게 섭취하면 우리 몸은 염분 농도를 낮추려고 수분을 혈관 내로 끌어당기므로 혈액량이 늘어난다. 이를 삼투압 작용이라 하며, 염분의 섭취를 적정량으로 줄이면 삼투압 작용도 완화되어 혈압이 내려갈 수 있다.

세 번째, 혈액과 혈관의 상태를 보자. 먼저, 혈액이 탁하거나 끈끈해지면 혈압이 올라간다. 혈액의 점도가 높아 저항이 커지므로 압력을 높여야 하기 때문이다. 혈액에 지질이나 노폐물이 많이 들어 있는 경우, 혈액 내 수분이 감소하여 적혈구끼리 서로 달라붙거나 뭉쳐 있는 경우다. 이처럼 혈액이 끈끈하게 엉긴 것을 '어혈'이라 하며 인체 산성화의 결과다.

그리고 혈관이 건강하지 못할 때에도 혈압이 상승한다. 혈관의 건강은 탄력과 노폐물이 축적된 정도로 얘기할 수 있다. 동맥은 원래 유연하고 탄력이 좋다. 그런데 지속적으로 강한 압력을 받으면 혈관벽에 상처가 생기고, 여기에 딱지가 앉았다가 떨어지는 과정이 반복되면서 오래된 고무호스처럼 탄성이 떨어지고 딱딱하게 변한다. 또한 혈관벽에 콜레스테롤 등이 많이 쌓여 혈액이 흐를 수 있는 통로가 좁아지기도 한다. 이것이 '동맥경화증'이다. 이런 상황에서는 혈관 청소를 담당하는 산화질소가 체내에서 충분히 만들어지지 않기 때문에 혈관이 확장되기가 더더욱 어려워진다.

자신의 혈압이 높아졌다면 위에 열거된 여러 경우 중 어디에 해당되는지부터 파악해야 제대로된 치료가 가능하다.

피가 탁해지면 혈전이 생긴다

앞에서 본 세 가지 혈압 상승 원인 중 특히 관리가 필요한 것은 혈관과 혈액의 상태가 나빠져서 혈압이 오르는 경우다. 먼저 혈액이 탁해져서 생긴 경우를 보자.

혈액이 탁해지면 혈전이라는 무시무시한 물질이 만들어진다. 혈전은 플라크와 더불어 혈액의 정상적인 흐름을 막음으로써 혈압, 중풍 등 모든 혈관질환에 영향을 미친다.

플라크는 동맥이 딱딱해지면서 혈관 안쪽에 생긴 흐물흐물한 혹 같은 물질로 혈관을 좁게 만든다. 혈전은 균과 싸우다 죽은 세포나 혈액의 찌꺼기로 피가 응고된 것을 말하며, 이 혈전이 혈액을 타고 돌아다니다가 좁은 혈관에 걸리면 그 부위에 혈관질환이 발생한다. 혈전이 생기는 이유는 크게 세 가지 경우로 볼 수 있다.

첫 번째는 혈관의 상처 때문이다. 예를 들어 중증 고혈압(180/104mmHg) 이상의 혈압이 지속되면 혈관 내벽에 정상치보다 센 힘이 계속 가해진다. 혈관이 튼튼하고 탄력이 있을 때는 문제가 되지 않지만, 이러한 힘이 지속적으로 가해지면 혈관이 약해지고 곳에 따라 상처가 생기기도 한다. 혈관에 상처가 생기면 이를 치료하기 위해 백혈구가 모이고 혈소판이 분비된다. 이것들은 흐물흐물한 상태로 한데 엉겨 플라크를 형성한다. 그런데 이러한 상태에서도 센 힘이 지속적으로 가해지면 플라크가 벽

▶ 혈전이 혈액의 흐름을 방해한다

에서 떨어져 나와 혈액 내를 떠돌 수밖에 없다. 이러한 핏덩이를 혈전이라고 한다.

두 번째는 혈관 내 혈액의 흐름이 원활하지 못하고 정체됨으로써 생길 수도 있다. 예컨대 수도꼭지에 호스를 연결하고 바닥 물청소를 한다고 해보자. 수도꼭지를 세게 틀어 물이 세차게 흐르도록 하면 바닥의 노폐물이 잘 씻겨나간다. 그런데 수도꼭지를 조금 열어 물이 조금밖에 나오지 않게 하면 노폐물을 밀어내는 힘이 약해 바닥이 깨끗하게 청소되지 않는다. 더욱이 노폐물의 양이 지나치게 많다면, 수도꼭지에서 나오는 물은 깨끗했을지라도 바닥에 뿌려져 노폐물과 섞인 물 자체도 더러워지고 만다. 노폐물을 씻어내면서 함께 씻겨 내려가지 못하면 깨끗한 물도 그저 오염된 물이 되고 마는 것이다. 혈전은 이 오염된 물 안에서 노폐물이 덩어리가 진 상태를 말한다.

우리 몸의 혈관은 심장에서 뿜어져 나온, 산소와 영양으로 가득한 혈액을 몸 곳곳으로 보내줄 뿐만 아니라 몸 곳곳에서 대사과정을 거치며 만들어지는 노폐물과 독소들을 수거하여 배출기관으로 보내는 역할을 한다. 그런데 힘이 부족해 수거 기능을 제대로 하지 못하면 혈액 내에 노폐물과 독소가 점점 많아진다. 시간이 갈수록 노폐물 등이 서로 엉기게 되는데 이것이 혈전이다.

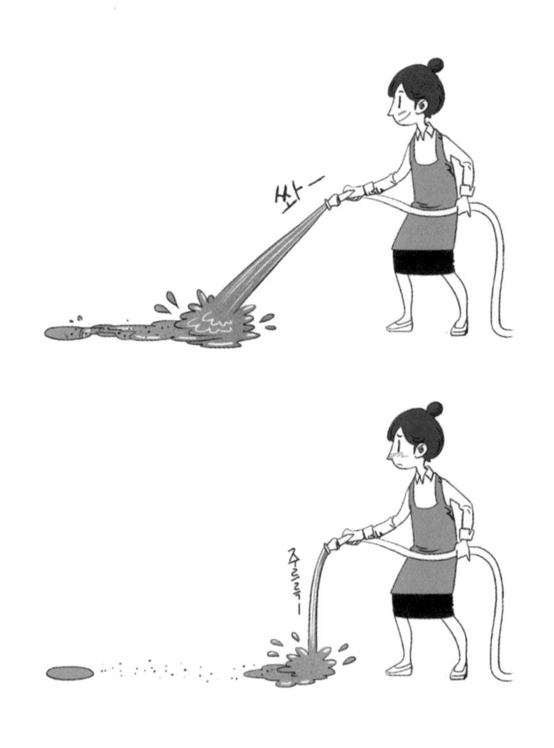

▶ 혈액이 잘 흐르지 못하면 체내 노폐물이 쌓인다.

혈전이 생기는 또 하나의 원인은 수분 부족이다. '이코노미클래스 증후군'이라는 말을 들어본 적이 있을 것이다. 비행기를 타고 장시간 여행할 때 나타나는, 다리가 퉁퉁 붓고 심한 경우 다리 정맥에 혈전이 생겨 폐전색을 일으키기도 하는 증상을 말한다. 폐전색은 혈액 속을 떠돌던 혈전이 폐로 가는 혈관을 막아 혈액순환에 장애를 일으키는 질병으로, 심하면 사망에 이를 수도 있다. 좁은 공간에서 몸을 잘 움직이지 못한 채로 장시간 있다 보니 그렇기도 하지만, 또 하나는 기내의 건조한 공기 탓이기도 하다. 비행기 내부는 무척 건조해서 1시간에 0.8리터 가까운 수분이 우리 몸에서 빠져나가 버린다. 우리 몸에 필요한 수분량은 성인의 경우 하루 1.8리터 정도다. 그런데 12시간을 비행기 안에 있을 경우 1리터 가량의 수분이 손실된다. 몸이 필요로 하는 수분의 절반 이상이 날아가는 것이다.

몸속에 수분이 부족하면 혈액의 점성이 높아져 끈적끈적한 상태가 되고, 서로 엉겨서 혈전이 만들어지기 쉽다. 혈중에 수분이 부족하면 혈액의 흐름이 나빠지고 노폐물도 원활하게 배출되지 못하기 때문에 시간이 갈수록 더 붓고 혈전이 발생할 가능성도 급격히 높아진다.

일반적으로는 인체는 불필요한 혈전이 생기면 그 혈전을 녹이는 효소를 가지고 있어서 혈액이 정체되지 않고 몸속을 원활하게 순환하도록 한다. 그런데 고혈압, 당뇨, 동맥경화, 고지혈증 등으로 혈관이 약해지고 혈액이 탁해지면 혈전을 녹이는 효소만으로는 다 처리가 되지 않아 문제가 발생하기도 한다. 혈전이 혈액 속을 떠돌다가 혈관이 좁은 곳에 이르면 그곳을 막아버리기도 한다. 혈관을 막는 장소가 심장 부근이면 심근경색, 뇌 부근이면 뇌경색을 일으킨다.

혈전은 통증이나 불편함 등 별다른 자각 증상이 없고 인체의 내부에서 서서히 진행되므로 생활하면서 알기가 어렵다. 따라서 더 세심히 주의를 기울여야 한다. 혈전이 생기고 있음을 추측할 수 있는 몇 가지 증상이 있는데, 대체로 다음과 같은 3단계로 나타난다.

첫 번째 단계는 발끝이 저리거나 갑자기 다리에서 차가운 기운이 느껴지는 것이다. 다른 곳은 괜찮은데 다리에서 그런 감각이 두드러진다. 두 번째 단계는 일정한 거리를 걸으면 근육에 통증이 생기거나 저려서 걸을 수 없게 되는 것이다. 좀 쉬고 나면 괜찮아져서 다시 걸을 수 있다. 세 번째 단계는 쉬고 있을 때나 밤에 잠을 잘 때 종아리 등에 강한 통증이 자주 발생하는 것이다.

세 번째 단계에서 증상이 더 진행되어 악화되면 발끝 부분의 혈관이 막혀서 궤양이 생기거나 괴사가 되는 심각한 질병으로 발전하기도 한다. 종아리가 붓는 것도 혈전의 신호다. 부은 종아리를 손가락으로 눌렀을 때 누른 자국이 남는다면 혈전이 심하다고 봐야 한다.

최근 들어 다리로 향하는 동맥과 종아리 동맥이 막히는 동맥경화 환자가 부쩍 늘었다. 하지의 동맥경화는 당뇨병이 있는 사람에게서 주로 발생한다고 보고되어왔으나, 근래에는 일반인에게서도 많이 발생하고 있다. 의자에 오래 앉아 생활하는 경우가 많아졌기 때문이다.

당뇨병 역시 혈관 내에 당이 높아 혈액이 탁해짐으로써 생기는 질환이므로 혈전이 만들어질 가능성이 높다. 혈액이 탁하고 끈끈해지면 흐름이 느려지기 쉽고, 그러면 피가 엉기기도 쉬워지기 때문이다.

참고로, 고혈압과 당뇨병은 한 사람에게 동시에 발생하는 경우가 많고 발병 원인, 질병의 진행 과정도 비슷하다. 고혈압이 있을 때는 당뇨병을 조심해야 하고, 당뇨병이 있으면 고혈압을 조심해야 한다. 고혈압과 당뇨 둘 다 유전적인 영향을 많이 받고 비만이나 심한 스트레스, 운동 부족 등이 작용해 발병한다는 점에서 서로 많이 비슷한 질환이다. 병이 더욱 진행되어 악화되면 뇌, 심장, 신장 등에 장애를 일으킨다는 점도 비슷하다. 실제로 임상에서 환자들을 대하다 보면 두 가지 질환을 함께 앓고 있는 사람이 많고, 고혈압이 개선되면 당뇨도 개선되는 경우가 많다.

혈압약은 동맥경화를 촉진시킨다

앞에서 본 세 가지 혈압 상승 원인 중 혈관의 상태가 나빠진 경우, 즉 동맥경화를 살펴보자.

동맥경화는 말 그대로 동맥이 딱딱해진다는 뜻이다. 건강한 동맥은 강하고 유연하며 탄력이 있다. 즉, 말랑말랑하고 탱탱하다는 얘기다. 혈액이 힘차게 흘러 온몸을 순환할 수 있으려면 심장 혼자만의 힘으로는 역부족이다. 혈관 자체도 말랑말랑하고 탱탱해서 추진력을 보태주어야 한다. 그러나 혈관이 딱딱해지면 그 역할을 하지 못하기 때문에 심장이 더 센 압력으로 혈액을 뿜게 된다. 그래서 혈압이 높아지는 것이다.

또한 혈관이 딱딱해져서 혈액의 흐름이 느려지면 혈액 내에 콜레스테롤과 중성 지방이 쌓이고, 이것이 혈관 내벽에 들러붙어 죽과 같은 기름때를 만들게 된다. 그래서 동맥경화를 죽상경화라고도 한다. 이처럼 혈관벽에 뭔가가 들러붙으면 혈관이 좁아지므로 이 역시 혈압을 높이는 결과를 가져온다.

동맥경화증은 주로 작은 동맥에서 일어난다. 동맥에 경화가 진행될수록 혈액이 잘 흐르지 못해 혈압이 높아지고, 혈압이 높아지면 동맥의 경화가 심해지는 악순환에 빠진다. 동맥이 굳어지는 현상은 나이가 들수록 더 진행되어 있기 쉬우므로 중년 이상은 동맥경화증이 원인이 되어 혈압이 높아진 경우가 많다. 노령에 말초혈관이 경화되어 최고 혈압이 어느 정도 높은 것은 자연스러운 일이라고 얘기하는 것도 바로 이 때문이다.

그동안의 연구들을 종합하면 동맥경화는 혈액의 성분이 변해

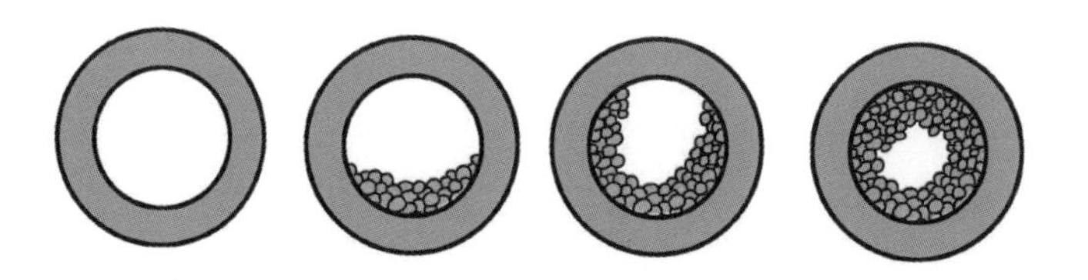

▶ 혈관벽에 콜레스테롤과 중성지방이 쌓여 혈압이 높아진다

서 발생하거나, 염증이나 감염으로 인하여 생기거나, 동물성 단백질의 과다 섭취로 인하여 발생하는 것으로 요약할 수 있다. 그 원인에는 식습관, 흡연, 노화 등 여러 가지가 있을 것이다.

그런데 다른 한편으로는, 동맥경화도 인체가 생명 현상을 잘 유지하기 위해서 발생시키는 것으로 볼 수 있다. 노폐물이 과도하여 제때 처리되지 못하면 당연히 혈액 속에 남아 있는 양이 많아지고, 이는 여러 문제를 일으킨다. 그래서 몸은 본능적인 자연치유력을 발휘하여 이 노폐물을 모아 혈관 안쪽에 침착시킨다. 혈액을 깨끗하게 보존하고자 하는 것이다. 이처럼 몸의 본능적인 자연치유력이 작동한 것이 동맥경화다.

즉, 무조건 나쁜 증상이 아니라 인체가 다른 부분을 보호하기 위하여 임시 방편으로 만들어놓은 쓰레기장 정도로 생각할 수 있다. 동맥경화는 단기간에 진행되지 않는다. 수십 년에 걸쳐 계속해서 쓰레기가 쌓이면서 나타난다. 그러므로 쓰레기장이 몸 곳곳에 너무 많아지기 전에, 그리고 아예 자리를 잡기 전에 먹는 음식이나 생활습관에 신경을 써서 체내 노폐물을 줄인다면 동맥경화로까지 진행되지는 않을 것이다. 그러면 혈관 문제로 혈압이 높아질 걱정도 할 필요가 없다.

원인이 이러한데, 만약 혈압약을 먹어서 혈압만 낮춰버리면 어떻게 될까? 신체 곳곳에 혈액이 충분히 전달되지 못할 것은 당연지사이고, 동맥경화의 진행을 막을 방법이 없다. 아니, 오히려 동맥경화가 더 촉진되고 만다. 혈압이 낮아지면 혈액의 흐름이 느려지고, 그러면 노폐물의 정체가 더해져 혈관벽에 침착되는 양도 더 많아지기 때문이다. 이것이 혈압이 높아졌다면 왜 높아졌는지를 알아내 그 원인을 치료해야 하는 이유다. 무조건 혈압을 낮추는 약을 먹는 것이 해법이 될 수 없음을 분명히 보여준다.

악순환의 출발점에 선 당신에게

혈액과 혈관의 근본적인 문제를 해결하지 않은 채 약을 먹어서 혈압을 인위적으로 낮추면 어떤 문제가 발생할까?

한의원을 찾는 환자들 중에는 이미 오랫동안 혈압약을 복용해온 사람들이 많다. 이분들과 이야기를 나누다 보면 "혈압의 수치는 정상이라 좋지만, 활력이 떨어지고 무기력해지며 감기도 잘 걸린다"는 얘기를 자주 듣게 된다.

혈액에는 단백질·지방·당분·비타민·미네랄처럼 음식물을 통해 섭취한 영양소나 수분, 내장 및 분비기관에서 생산된 여러 가지

호르몬, 그리고 폐를 통해 흡수된 산소 등 인체가 살아가는 데 필요한 영양물질이 들어 있다. 약을 먹고 겪는 무기력증은 이런 영양물질이 억지로 낮아진 혈압 때문에 인체의 적재적소에 공급되지 않아서 나타나는 증상이다. 각 장부가 에너지를 제대로 공급받지 못하기 때문에 기운이 없고 면역력이 떨어지는 것이다. 그 상태가 지속되면 두통 등 여러 부위의 통증이 발생하며, 심한 경우에는 뇌혈전증이나 심근경색증을 일으키고 우울증이 생길 수 있다.

혈액의 흐름이 나빠지면 심장은 평소보다 더욱 강한 힘으로 혈액을 내보낸다. 달리 말하자면, 고혈압은 전신에 혈액을 공급하기 위한 몸의 반응이다. 그런데 몸의 반응과 역행하여 무리하게 혈압을 낮추면 혈액이 부족한 부위가 생기게 된다. 특히 문제가 되는 곳은 심장보다 위쪽에 있는 뇌 부위다. 혈액을 낮춤으로써 뇌로 가는 혈액량이 줄면 뇌경색을 초래할 수도 있다. 특히 고령자는 혈압의 작은 변동에도 이상이 나타나기 쉬운데, 혈압을 억지로 낮추면 뇌로 가는 혈액 공급이 저하되어 치매와 중풍이 오기가 쉽다.

혈압약은 혈압을 근본적으로 치료하는 것이 아니라 일시적으로 혈압의 수치를 내리는 대증요법이다. 즉, 근본 치유가 되지 않고 단지 혈압의 수치만을 낮추는 것이다. 따라서 혈압약으로 혈압을 억지로 내리다 보면, 일시적으로 혈압은 낮아질지언정 다른 문제가 발생한다. 신체 가장 끝부분의 모세혈관까지 혈액이 충분히 공급되지 못해 혈액순환 장애를 겪게 되는 것이다.

우선, 혈압약을 장기간 복용하면 혈액의 흐름이 나빠져서 혈액이 끈끈해지고 덩어리가 진다. 끈적끈적하고 덩어리진 피는 혈관벽에 쌓여 혈액의 흐름을 방해하고 고지혈증과 동맥경화의 원인이 된다. 그러면 혈액의 흐름이 더욱 나빠져 다시금 혈압을 높이는 요인이 된다.

또 다른 중요한 부작용은 기립성 저혈압이다. 즉, 일어날 때 혈압이 갑자기 떨어져 어지럼증을 느끼는 증상이다. 어지럼증 때문에 쓰러져서 고관절 골절을 당하는 어르신들이 많은데, 연세 많으신 분들에게 골절은 엄청나게 큰 일이다. 우선은 뼈가 잘 붙지 않을뿐더러 활동량이 줄어들기 때문에 체력이 급격히 떨어진다. 그러면 면역력이 저하되어 작은 병에 걸려도 크게 앓게 되고, 체력 소진과 면역력 저하의 악순환을 반복하게 된다. 그 끔찍한 궤도의 출발점이 바로 혈압약이 될 수 있다는 것이다.

제약회사가 만든 혈압약 복용 설명서에는 수많은 부작용이 제시되어 있는데, 그것들은 단기 또는 장기간에 걸쳐 복용한 사람에게서 실제로 많이 나타나는 증상들이다. 흔히 생각하듯 '운이 나쁘면' 발생하는 일이 아니라는 뜻이다.

약에 의존하지 않고 내 몸의 기능을 되살려 혈압을 정상화하려면, 먼저 혈액순환이 일어나는 기전을 이해해야 한다. 그리고 혈압이 높아지는 이유가 무엇인지도 이해해야 한다. 그런 다음에는, 약을 먹어 혈압을 내리는 일이 내 몸에 얼마나 해가 되는 것인지도 알아야 한다.

막연히 좋아질 것이라는 기대로 약을 먹기에는 실제로 확인된 부작용이 너무나 많다. 낱낱이 그 실체를 알고 나서 약을 먹을지 말지를 고민하길 바란다.

혈압약의 부작용부터 제대로 알고 먹어라

고무호스를 통해 수돗물을 흘려보내는 경우를 떠올려보자. 수압이 높아지는 건 다음과 같은 이유 때문이다. 즉, 물의 양이 많거나 호스가 좁을 때다. 예컨대 수도꼭지를 많이 열면 물이 세차게 쏟아져 나오면서 압력도 높아질 것이다. 호스 안을 흐르는 물이 적을 때보다 많을 때 압력이 더 높아질 것이고, 호스 안쪽에 이물질이 붙어 있거나 군데군데 좁아진 곳이 있을 때도 저항을 받기 때문에 압력이 높아질 것이다.

혈압이 상승하는 이유도 이와 같이 크게 세 가지로 볼 수 있다. 심박수가 증가해 심장이 혈액을 많이 내보내거나, 혈관 속 혈액의 양이 늘어나거나, 혈관이 좁아진 경우다. 따라서 혈압 강하제로 혈압을 떨어뜨릴 때는 그 반대로 한다. 심장의 박동수를 낮추거나, 혈관 속 혈액량을 줄이거나, 혈관을 확장시키는 방법이다.

혈압 강하제의 세 가지 원리

첫 번째는 심장의 활동력을 줄여 혈압을 내리는 방법이다. 심장이 천천히 약하게 수축하도록 하면 뿜어지는 혈액이 줄어들어 혈압이 내려간다. 대표적으로 베타차단제가 사용되며, 자율신경계에 영향을 미쳐 심장 박동수와 수축력을 낮추고 동맥을 이완시키는 효과를 낸다.

두 번째는 혈관 속 혈액의 양을 감소시켜 혈압을 내리는 방법이다. 대표적인 것이 이뇨제로, 말 그대로 소변량을 늘리는 약이다. 이뇨제는 신장에 작용하여 수분과 나트륨의 배설을 촉진함으로써 혈액과 신체조직 속의 수분을 줄이는 역할을 한다.

세 번째는 혈관을 확장시키는 방법이다. 혈관이 넓어지면 혈액이 흐르는 공간이 확대되므로 혈압이 내려간다. 혈관을 넓히는 약으로는 칼슘채널차단제, 안지오텐신전환효소억제제(ACE억제제), 안지오텐신Ⅱ수용체차단제(ARB), 혈관확장제, 알파차단제 등이 있다.

그중 칼슘채널차단제와 ACE억제제가 가장 많이 사용된다. 칼슘채널차단제는 세포벽 내를 지나는 칼슘의 정상적인 통로를 차단하는 작용을 한다. 칼슘 통로를 차단하면 신경전도의 속도가 늦춰지고 근육의 수축이 억제되는 효과가 나타난다. 이러한 작용으로 심장의 심박수와 수축력을 낮추고 동맥을 이완시켜 심장의 신경 충동을 억제한다. 그리고 ACE억제제는 혈관 수축 작용을 하는 물질의 형성을 차단함으로써 혈관이 이완되도록 한다.

혈압 강하제의 상상을 초월하는 부작용

어떤 혈압약도 임시방편으로 혈압의 수치만 내릴 뿐, 혈압이 오르게 된 근본 원인을 치료하지는 못한다. 혈압을 내림으로써 얻는 효과보다 혈압약에 의한 부작용이 더 크기 때문에 약을 먹어서 억지로 내릴 필요가 없다는 연구 결과가 계속해서 나오고 있다.

혈압약은 인체 전반에 부정적인 영향을 미친다. 기관별로 나눠서 보면 다음과 같다.

- 정신 신경 증상: 두통, 두중(머리가 묵직함), 현기증, 이명(귀울림), 졸음, 불면, 악몽, 우울증, 전신 권태
- 순환기 증상: 안면홍조, 신열, 동계(심장 두근거림), 혈압 저하, 부종, 흥분, 기립성 저혈압, 빈맥(맥박이 비정상적으로 빨리 뛰는 것, 통상 1분에 100회 이상), 서맥(맥박이 비정상적으로 늦게 뛰는 것, 통상 1분에 60회 이하)
- 소화기 증상: 구토, 식욕부진, 속이 더부룩함, 갈증, 변비, 설사, 복통
- 비뇨기 증상: 크레아티닌의 상승(신장 기능 저하), 성기능 저하(임포텐츠)
- 그 외: 간 기능 저하로 인한 GOT와 GTP 상승, 결핵(특히 ACE억제제의 부작용), 피부 과민증에 의한 발진과 아프고 가려운 느낌(소양감), 근골육 증상에 의한 근육 강직과 관절통증, 수족냉증(특히 베타차단제의 부작용) 등

▶ 혈압약은 인체 전반에 부정적인 영향을 미친다

▶ 베타차단제의 부작용

베타차단제는 심장의 활동력을 줄여 혈압을 내리는 약이다. 심박출량이 감소하기 때문에 손과 발, 두뇌에 혈액과 산소가 충분히 공급되지 못하는 경우가 자주 발생한다. 그래서 수족냉증, 신경통, 정신기능의 손상, 피로, 현기증, 우울증, 무기력, 성욕감퇴, 발기부전 등의 증상을 호소하는 이들이 많다.

베타차단제는 콜레스테롤과 중성지방 수치를 상당히 높이기도 한다. 주의할 점은 베타차단제는 갑자기 복용을 중단하면 두통과 심박수의 증가, 혈압의 극적인 상승과 같은 금단 증상을 유발할 수 있다는 것이다.

또한 베타차단제는 고령자들에서 암으로 인한 사망의 한 가지 원인인 것으로 밝혀졌으며, 기억 기능에 문제를 일으킬 수 있는 것으로 나타났다.

▶ 이뇨제의 부작용

지금까지 가장 인기 있는 유형은 티아자이드 이뇨제로, 부작용이 가장 적다고 알려져 있다. 하지만 이뇨제 역시 장기간 복용하면 신장 기능이 약해지고 탈수 현상이 일어난다. 혈압을 낮추기 위해 이뇨제를 복용하는 환자들 중 '갈증'을 호소하는 이들이 많은데, 몸속 수분을 과도하게 빼낸 데 따른 당연한 결과라 하겠다.

이뇨제의 부작용에는 그 외에도 가벼운 두통, 혈당 수치 상승, 요산 수치 상승, 근육 약화, 칼륨 수치 저하로 인한 경련 등이 있다. 성욕감퇴와 발기부전, 알레르기 반응, 시야 흐림, 메스꺼움, 구토, 설사와 같은 부작용이 생기기도 한다. 복용이 장기화될수록 통풍, 당뇨병, 신장기능 저하, 간이 약한 사람은 간성혼수, 콜레스테롤 지질의 증가, 권태 및 무력감, 위장장애, 발진, 안면홍조, 탈수, 변비 등이 생긴다.

이뇨제의 가장 큰 목적은 혈관을 흐르는 액체의 양을 줄이는 것이다. 소변으로 배출함으로써 그 목적을 이루는데, 이때의 소변에는 비타민과 칼륨, 칼슘, 마그네슘, 인 등의 미네랄이 함께 들어 있다. 그래서 이러한 미네랄들의 부족으로 인한 부작용도 나타난다. 늘어난 소변량 때문에 신장의 부담이 커져 신부전증이 발생할 수도 있다. 녹내장도 치명적인 부작용 중 하나다. 혈압약으로 인해 눈 안의 투명한 액체인 안방수가 원활하게 배출되지 않아 안압이 상승하고, 그 결과 녹내장을 초래한다.

그런데 이뇨제의 부작용 중 무엇보다 위협적인 것은 혈액의 점도를 높인다는 것이다. 혈관 속 액체 성분을 빼내기 때문에 혈액이 끈끈해지게 되며, 이는 각종 심혈관질환의 유발인자가 된다. 간단히는 손발의 저림이나 냉증부터 치매나 중풍 같은 치명적인 질병까지, 새로운 병을 만들고 키우는 원인이 될 수 있다. 특히 당뇨병의 발생 위험을 11배나 높인다는 연구 결과가 있다.

▶ 칼슘채널차단제의 부작용

이는 칼슘이 우리 몸에서 어떤 역할을 하는가를 생각해보면 알 수 있다. 고혈압을 다스리고자 칼슘채널차단제를 사용할 때는 심장의 전기적 신호를 전달하는 능력을 떨어뜨려 심박수와 수축 능력을 억제하는 것이 목적이다. 즉, 심장의 기능을 강제로 떨어뜨린다는 뜻이다.

심장의 근력이 약해지면 당연히 혈액을 온몸으로 순환시키지 못하니 심장에서 멀리 떨어져 있는 팔다리가 저리는 증상부터 나타난다. 그리고 심한 권태감과 피로, 기립성 저혈압, 현기증, 두통, 두중, 안면홍조, 피부 발진, 소양, 알레르기 반응, 식욕부진, 빈맥, 동계(심장이 두근거림), 빈뇨, 변비, 하퇴부종, 자궁수축력 감소, 수분 정체 같은 부작용을 일으킨다. 특히 사용자의 20%에서 발기부전이 나타났다고 보고되었다. 약물 복용이 장기화될수록 심박수의 불안, 심부전, 협심증 등의 심각한 질병이 발생할 우려가 높아진다.

▶ 안지오텐신전환효소억제제(ACE억제제)의 부작용

ACE억제제는 치명적인 신장 손상을 초래하는 것으로 밝혀졌다. 심장발작이 발생한 후 너무 일찍 투여하면 사망에 이르는 경우도 있고, 임신 초기에 투여하면 태아의 발달에 문제를 일으키거나 낙태까지 초래할 수 있다.

이 약물은 처음 투여했을 때 상당수의 환자에게서 혈압이 현저히 하강하여 기립성 저혈압, 현기증이나 두통을 호소하는 경우가 많았다. 특히, 고령자는 탈수 증상에 더 큰 주의를 기울여야 한다. 체내에 수분이 부족해지면 혈액이 끈끈해져 혈전이 발생할 가능성이 높아지는데, 연세가 있으신 분들은 갈증을 예민하게 감지하지 못하는 경우가 많다. 백혈구나 적혈구 등 혈액 성분의 장애, 칼륨의 증가로 신장 장애 등이 보고되니 신장 장애가 있는 사람은 특히 신중해야 한다.

가장 많은 부작용은 잦은 기침, 만성 기침으로 보고되고 있으며 복용 후 1주에서 1개월 안에 사용자의 20~30%가 헛기침을 한다. 기침쯤이야 별것 아니라고 생각할 수도 있겠으나 실제로 이를 겪는 사람들은 엄청난 불편을 호소한다. 발진이나 가려움증, 권태감, 무력감, 식욕감퇴, 단백뇨, 원기 부족 증상도 많이 나타난다. 입술과 인후두에 혈관 부종이 오기도 하는데 보통 1주 이내에 나타나는 경우가 많고, 복용을 중단하면 2~3일 내에 없어진다.

혈압약을 드시는 분들은 당장 혈압을 낮추는 게 급선무이므로 '어느 정도'의 부작용은 감수하는 게 당연하다고 생각한다. 하지만 혈압약을 장기 복용했을 때의 부작용은, 이상에서 본 것처럼 '어느 정도'의 수준이 아니다. 우리의 상상을 초월하는 갖가지 증상으로 나타나며 또 다른 질병을 유발한다. 한마디로, 약으로 병을 키운다고 할 수 있다.

혈압약이 중풍·심장질환·치매 부른다

사람들은 혈압약을 복용하면서 속으로 안심한다. '어쨌거나 큰 병 하나는 관리하고 있으니까' 하는 생각에서다. 혈압만 낮아지면 중풍 걸릴 일도 없을 거라 생각하고, 당뇨나 동맥경화 같은 성인병도 웬만큼은 다스려질 거라고 막연히 기대한다. 하지만 그것은 정말 위험한 착각이다. 속속 밝혀지는 연구 결과에서도 알 수 있듯이 혈압약을 먹는 것은 도리어 중풍, 심장질환, 치매를 부른다.

왜 그럴까? 혈압약을 먹는다는 것은 혈액순환에 브레이크를 거는 것과 마찬가지이기 때문이다. 혈압약의 장기 복용이 불러올 수 있는 진짜 큰 병들을 살펴보자.

허혈성 뇌졸중(중풍)

고혈압이 왜 위험하다고 할까? 고혈압은 '조용한 살인자'라는 별명을 가지고 있다. 평상시에 드러나는 증상은 뚜렷이 없지만, 그냥 방치하면 뇌졸중에 걸려 반신불수가 되거나 생명을 잃을 수도 있다는 의미에서 생겨난 별명이다. 이 무시무시한 별명은 '그러니 지금 당장 약을 써서 혈압을 떨어뜨려야 한다'며 환자들에게 공포심을 조장하는 데 자주 사용된다.

뇌졸중은 생명을 위협하는 무서운 병으로 암, 심장병에 이어 사망 원인이 3번째에 해당한다.

뇌졸중(중풍)은 뇌혈관에 발생하는 병으로 뇌경색과 뇌출혈이 있다. 혈관이 막힐 때는 뇌경색(허혈성 뇌졸중)이라 하고, 혈관이 터질 때는 뇌출혈(출혈성 뇌졸중)이라 한다. 쉽게 말해 혈액이 느리게 흐를 때 뇌경색이 될 가능성이 높고, 혈액이 세차게 흐를 때 뇌출혈이 될 가능성이 높다.

우리나라의 통계청 사망 원인 통계를 보면, 뇌출혈과 뇌경색의 비율이 빠르게 역전되고 있다. 1984년에서 2004년까지 20년 사이에 뇌출혈은 88%에서 45%로 반으로 줄었지만, 뇌경색은 12%에서 54.4%로 4.5배 늘어났다. 이는 무엇을 말하는가?

뇌로 가는 혈관의 이상에서 혈액이 느리게 흘러 나타나는 병의 발생률이 높아졌다는 뜻이다. 잠깐만 생각해봐도 혈압약과 관계가 있음이 분명해진다. 즉, 혈압을 강제로 낮췄기 때문에 곳곳에 막히는 구간이 발생했다는 뜻이다.

허혈성 뇌졸중으로 인한 사망자 수

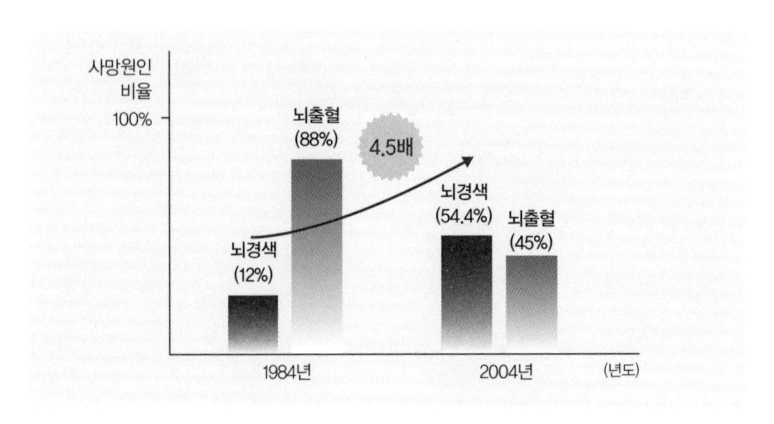

허혈성 심장질환

통계청 사망 원인 통계에 의하면 심근경색을 비롯한 허혈성 심장질환이 최근 20년간 부쩍 늘었다. 여기서 허혈성이란 '혈액의 부족이 원인이 된다'는 뜻이다.

고혈압성 심장병으로 인한 사망자 수는 1984년 559명에서 2004년 2,787명으로 20년간 약 5배 증가했다. 그런데 허혈성 심장질환으로 사망한 숫자는 1984년 1,102명에서 2004년 12,760명으로 20년간 무려 11.5배가 넘게 증가했다. 이 역시 혈압약의 사용과 관련이 있음을 쉽게 추측할 수 있다. 강제로 낮춘 혈압 때문에 심장으로 공급되는 혈액이 부족해진 것이다.

허혈성 심장질환으로 인한 사망자 수

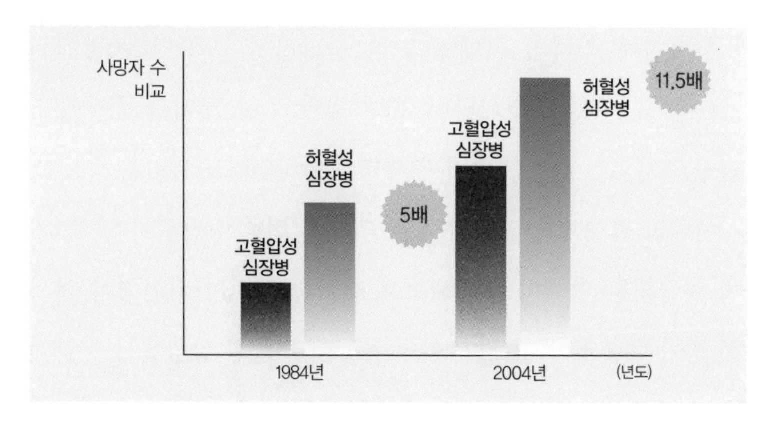

치매

고령자의 혈관은 젊은 사람에 비하여 동맥경화가 생기는 경우가 많다. 이는 연세가 들면 발생하는 노화 현상으로 매우 자연스러운 증상이다. 동맥이 경화되어 혈액의 통로가 좁고 딱딱해진 혈관을 통해 영양소와 산소를 공급하기 위해서는 높은 혈압이 필요하다. 고령자의 고혈압은 생명을 유지하기 위한 반응인 셈이다. 특히 고령자는 어느 정도 혈압이 높아도 혈압약으로 강제로 혈압을 낮추는 것은 피하는 것이 좋다. 혈압약으로 무리하게 혈압을 내리면 뇌의 혈류가 나빠진다. 실제로 고령자들은 혈압약을 먹기 시작한 후에 머리가 어지럽거나 멍해지거나 건망증이 심해졌다거나 하지가 힘이 없거나 무력해졌다는 말을 많이 하신다.

통계청에 의하면 치매로 인한 사망자가 1984년 46명에서 2004년 3,451명으로 나타나 20년 동안 무려 75배나 증가했다. 인구 증가와 노령층의 증가 추세를 감안하더라도 놀라운 속도다.

치매의 발생과 혈압약의 복용 역시 밀접한 상관성이 있다. 뇌에 공급되는 혈액이 부족해져서 장기간에 걸쳐 뇌신경이 서서히 망가지는 것이 치매다. 혈액 공급이 부족한 상황에서 강압제까지 사용하면 뇌신경이 훨씬 더 빠르게 죽을 수밖에 없다는 건 누구나 알 수 있는 일이다.

치매로 인한 사망자 수

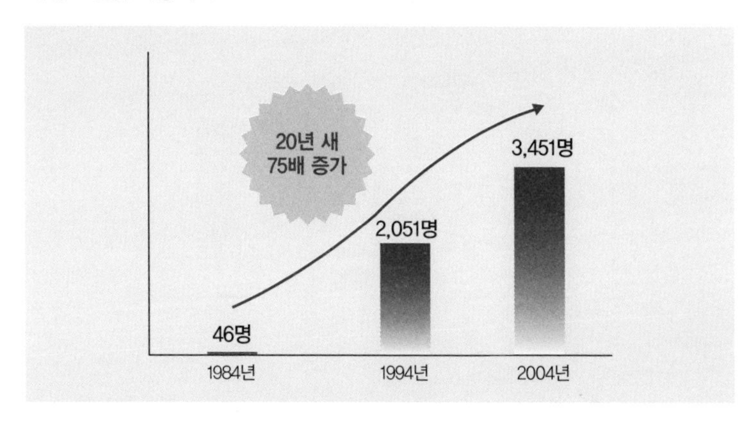

파킨슨병

뇌세포의 노화나 손상으로 인한 또 다른 질병으로 파킨슨병이 있다. 그렇다면 파킨슨병은 어떨까? 통계청에 의하면 이 병으로 인한 사망자가 1984년 22명에서 2004년 1,086명으로 20년간 49배나 늘어났다. 파킨슨병을 앓고 있는 사람들이 대부분 고혈압을 동시에 갖고 있어서 강압제를 많이 사용한다. 파킨슨병의 증가 역시 강압제 사용과 깊은 관계가 있다는 것을 보여준다.

파킨슨병으로 인한 사망자 수

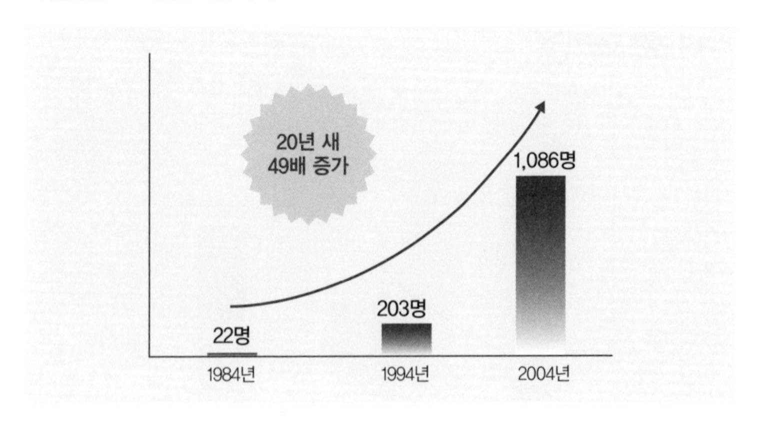

신장질환

고혈압성 신장질환도 혈압약의 장기 복용이 가져오는 2차 질병의 하나다. 혈압이 올라가야 혈액공급이 늘어나서 신장에 무리가 오지 않는데, 강압제를 사용해서 혈액의 공급이 줄어들면 신장은 과부하를 안은 채 일을 해내야 한다. 그 기간이 장기화되면 신장의 부담도 점점 더 늘어나 결국엔 제 기능을 회복할 수 없는 지경에 이르게 된다.

통계청에 의하면 고혈압성 신장질환으로 인한 사망자가 1984년 116명에서 2004년 525명으로 20년 동안 4.5배가량 증가했다. 이 수치를 보고, '치매나 파킨슨보다 증가율이 낮으니 그나마 다행이구나' 생각하는 사람이 많을 것이다. 하지만 이는 사망자 수만 얘기한 것이다. 사망에는 이르지 않았으나 만성 신부전으로 고생하는 사람은 이보다 훨씬 많다.

고혈압성 신장질환으로 인한 사망자 수

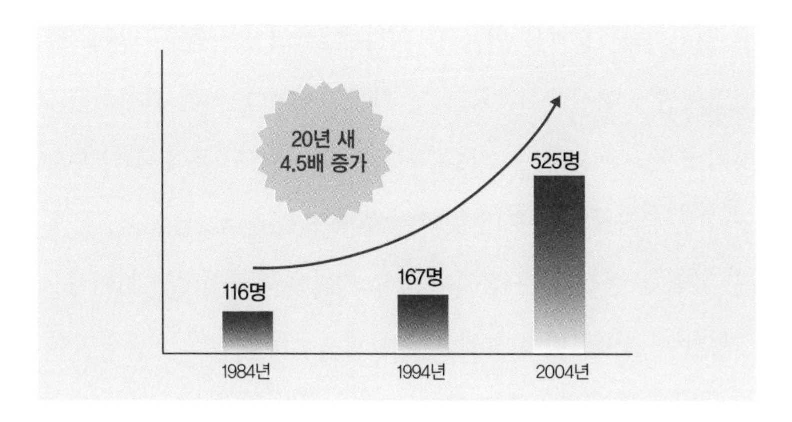

우리 몸에 있는 기관 중 어느 하나 소중하지 않은 것이 없지만, 신장은 특히 중요하다. 몸속의 노폐물을 밖으로 내보내는 기관이기 때문이다. 신장의 기능이 정상인에 비해 현저히 떨어져 만성 신부전에 이르면, 인공적으로 관을 삽입해 노폐물을 배출시켜줘야 한다. 실제 신장 투석으로 고생하는 이들은 '겪어보지 않으면 알 수 없는 고통'이라고 표현한다. 그만큼 우리 몸이 원래 가지고 태어난 상태로 작동하는 것이 건강과 삶의 질을 좌우한다는 얘기다.

혈압의 진정한 치료는 인체의 항상성과 자연치유능력을 높여주는 것을 말한다. 인체는 살아 있는 유기체이니 천연 유기재료와 천연 유기물질, 식물에서 추출한 천연 성분을 사용해야 부작용 없이 좋은 효과를 얻을 수 있다. 그런데 혈압약은, 단적으로 말하자면 실험실에서 만들어진 화학약품이다. 이런 화학약품을 장기적으로 복용하는 것은 우리 몸에 계속해서 독을 집어 넣는 일이다. 결과적으로 보면 혈압 낮추자고 간과 뇌, 심장, 신장, 혈관, 혈액 등 몸의 모든 장기와 중요 기관을 혹사시키는 셈이다.

혈압이 높아졌다면 혈압을 높이게 한 원인이 있기 마련이다. 그 원인을 찾아 개선하는 것이 우리가 해야 할 일이다.

4장

혈압약으로 죽임당하지 않으려면

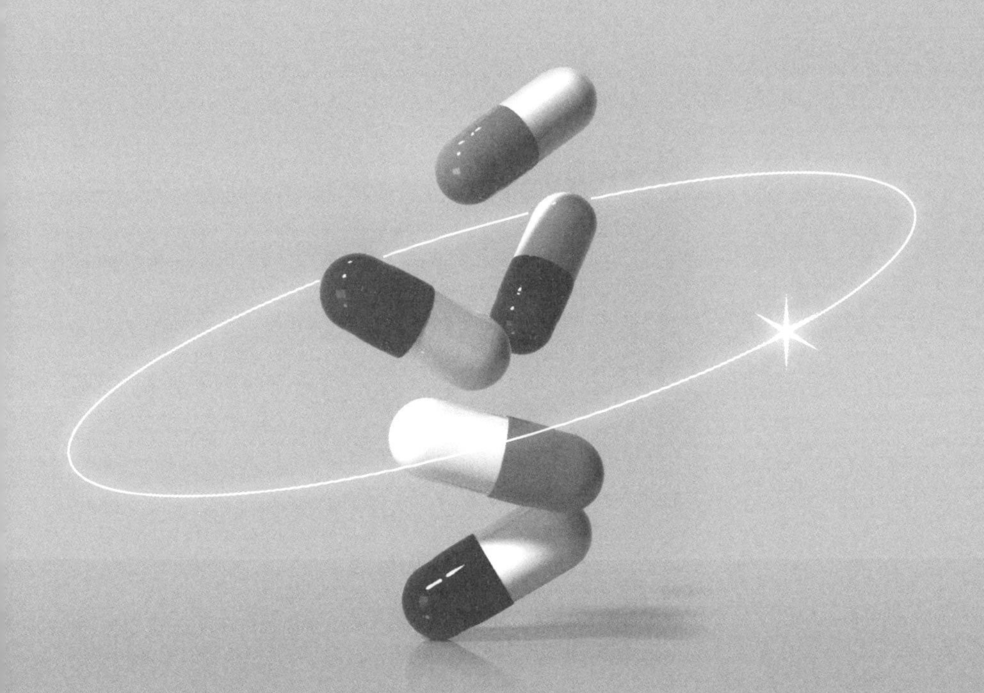

고혈압은 병이 아님을 이해한다

혈압은 낮은 것이 '무조건' 좋을까? 고혈압에 대한 위험성이 워낙 강조되다 보니 낮을수록 좋다고 생각하는 사람도 많은데, 절대 그렇지 않다. 건강은 몸 전체가 조화롭고 균형을 이룬 상태를 말한다. 어떤 장기 하나가 너무 처질 때는 물론이고 너무 뛰어날 때도 건강하다고 할 수 없다. 그 뛰어난 장기 하나가 열심히 일하느라 다른 장기에 부담을 주면, 그 장기들에 갈수록 무리가 가해져 불균형이 심해지기 때문이다. 혈압도 예외가 아니다. 무조건 높은 것이 좋다거나 무조건 낮은 것이 좋다고 말할 수는 없다.

혈압을 이야기할 때 가장 중요한 점은 이것이다. 혈압이 높아졌다면, 분명히 그래야 하는 이유가 있다는 것. 높아야 해서 높아졌는데 그것이 정상수치를 넘어선다고 강제로 내려버리면, 그때 진짜 문제가 생긴다. 실제로 진료실에서 이런 예를 많이 접하곤 한다.

그간 고혈압이 있으면서 다른 질병들도 가지고 있는 환자들을 많이 보았다. 고혈압을 중심으로 각 질병들과의 상관관계를 살펴보았더니, 혈압이 높은 사람들에게서는 뇌경색과 심근경색이 발생하는 경우가 적었다. 이는 잠깐만 생각해봐도 그 이유를 알 수 있다. 뇌경색이나 심근경색은 공급되는 혈액이 막혀서 생기는 병이다. 즉 혈관이 막혀서 뇌나 심장으로 가는 혈액이 적어질 때, 그 부위의 조직에 손상이 생긴 상태다. 그러니 고혈압 증상을 가진 사람들은 당연히 뇌경색이나 심근경색이 발생하는 일이 적다. 혈압이 높으면 혈액이 빠르게 흘러가므로 혈관이 막힐 위험이 줄어들기 때문이다.

고혈압은 질병이 아니고, 질병의 원인도 아니다. 단지 혈관벽에 미치는 압력이 높다는 것을 보여주는 증상일 뿐이다. 혈압이 높아진 근본적인 원인을 제거하지 않은 채 수치만 낮추어서는,

도리어 병을 키울 뿐이다.

여기서 병을 키운다는 것은 세 가지 이유에 의해서다. 첫째는 고혈압이라는 증상을 없애느라 그 근본 원인을 가리게 되기 때문이다. 둘째는 연구실에서 만들어진 화학 성분을 몸속에 계속해서 집어넣으면 그 독성을 없애느라 여러 장기가 과부하에 시달리기 때문이다. 그리고 셋째는 약의 독성에 의하여 산성화가 된 몸은 인체 주요 부위에서 산화질소를 충분히 만들어내지 못하기 때문이다. 이러면 몸이 스스로 혈압을 조절할 능력을 잃어버려 계속해서 약에 의존하게 된다. 한 번 혈압약을 먹기 시작하면 평생 먹어야 한다고 이야기하는 것이 바로 이 때문이다.

정상수치에 얽매이지 않는다

진료를 하다 보면 고혈압으로 고통을 겪는 분들도 많이 방문하신다. 기억에 남는 한 분은 연세가 70이신데, 연세에 비해서는 꽤 건강하신 편이었다. 그런데 아침에 일어날 때 혈압이 180㎜Hg에서 200㎜Hg까지 올라간다며 많이 불안해하셨다. 조조고혈압이었다. 사실, 대부분의 사람은 기상 시 고혈압은 큰 문제가 되지 않는다. 또, 지병인 천식도 이 시간에 심해진다고 하셨다.

이것저것 여쭤보는 과정에서 몇 가지 사항을 알게 됐다. 원래 다혈질이고 열이 많아 평소에 찬 것을 즐겨 드시고, 주무실 때도 갑갑해서 이불을 잘 안 덮는다고 하셨다. 그래서 “아무래도 아침에 혈압이 오르는 건 너무 시원하게 주무셔서 그런 것 같습니다”라고 말씀드렸더니 깜짝 놀라시는 눈치다. 뭔가 큰 이상이 있는 줄 알고 걱정이 많았는데 그렇게 간단한 이유를 말씀드리니 그러시는 듯하다.

낮에 찬 것을 많이 먹는 것도 물론이지만, 잠을 잘 때 이불을 덮지 않으면 기온이 점점 내려가는 새벽에는 몸이 차가워지기 마련이다. 몸이 차면 혈관이 수축하므로 심장이 혈액을 내보낼 때 더 센 힘을 가할 수밖에 없다. 그래서 혈압이 높아지는 것이다. 그분은 지금까지 여러 병원을 다녀봤지만 조조고혈압에 대해서 시원한 설명을 듣지 못했다고 하셨다. 내 설명을 듣고, 과연 그럴 법하다고 수긍하셨다. 나는 몸이 냉해서 그런 것이니 주무시기 전에 반신욕을 하도록 했고, 주무실 때는 아무리 덥더라도 복부나 등은 따뜻하게 하시라고 말씀드렸다. 그리고 평소 적당량의 천일염을 드시게 했다. 천일염을 섭취해야 물의 찬 성분이 중화되어 몸에 수독이 발생하지 않는다.

그분은 평소 생활습관을 바꾸는 한편, 한의원에서 뜸과 침 치료를 받고 체질에 맞게 한약을 복용하면서 서서히 체온을 높여갔다. 그 결과, 3개월 만에 조조고혈압과 천식이 완전히 치료됐다. 오랫동안 그 두 가지 때문에 고생했는데 이제 몸이 거뜬해졌다며 고마워하시던 모습이 생각난다.

그 어르신 역시 높은 혈압 탓에 걱정이 많았으나 개인별 맞춤 처방을 하니 큰 어려움 없이 걱정에서 놓여날 수 있었다. 그분의 일중 최고 혈압이 200㎜Hg를 오르내리는데도 건강한 편이라고 판단한 것은 바로 이 때문이었다. 혈압은 그 수치가 중요한 게 아니고, 사람마다 차이가 있다는 점을 분명히 보여주는 사례라 하겠다.

혈압은 한 사람 안에서도 수시로 변한다. 아침에 막 일어났을 때는 대체로 혈압이 낮고, 낮에는 하루 중 가장 높아지며, 저녁에는 약간 내려가다가, 밤에 잠을 자는 동안 가장 낮은 수준을 보인다. 건강한 사람은 정상적으로 수면을 취하면 혈압이 하강하고, 잠에서 깨면 혈압이 점차 상승한다. 즉 활동이 시작되면 혈압도 올라가고, 활동량이 적거나 휴식을 취하면 혈압도 내려간다. 그러니 천편일률적인 정상수치에 얽매여 전전긍긍할 필요가 없는 것이다.

인종별, 개인별로 다른 게 혈압이다

모든 사람의 혈압의 수치가 120/80㎜Hg 미만이 되어야 한다고 하는 것은 말이 안 된다. 혈압은 각 개인의 성격과 마찬가지로 사람마다 모두 다르다. 우리 몸은 인체가 가장 좋은 상황이 되도록 끊임없이 혈압을 조절하고 있다. 혈압은 하루에도 수시로 변한다. 밤에 따뜻하고 편안하게 숙면을 취하면 혈압은 내려가고, 잠을 못 자거나 차갑게 자면 혈압은 올라간다. 아침에 일어날 시간이 되면 혈압은 다시 오른다. 인체가 활동할 준비를 하기 위해 혈압을 올리는 것이다. 혈압은 개인에 따라서도 매일 다르지만 인종별로도 정상수치에 차이가 있다.

예전 미국에서는 아프리카계 미국인(흑인)들이 백인들에 비하여 고혈압이 두 배 가량 많이 발생하는 것으로 알려져 있었다. 왜 그러는지에 대해서는 여러 설이 분분했으나, 그 정확한 이유가 1930년대에 밝혀졌다. 그 주요 원인은 아프리카계 미국인들이 특히 염분에 매우 민감하게 반응한다는 것이었다. 인간은 염분 없이 살 수 없지만, 염분을 많이 섭취하면 혈압이 상승하게 된다.

아프리카계 미국인들이 염분에 매우 민감하게 반응하는 이유를 조사해보니, 뜻밖의 원인에 이르렀다. 몇백 년 전, 그들의 선조가 노예 상인들에 의해 아프리카에서 미국으로 끌려오는 동안 배 밑바닥에 끔찍한 상태로 방치됐다. 먹을 것은 물론 물도 충분히 공급받지 못하여 많은 이들이 죽어갔다. 그런데 그와 같은 악조건에서 살아남은 흑인들이 있었는데, 이들은 염분을 많이 유지할 수 있는 체질을 타고난 사람들이었다. 지금 미국에서 살아가는 흑인 대부분이 바로 이들의 후손이다. 이런 관계로 흑인들은 혈압이 백인들보다 높다 해도 고혈압 환자로 치지 않는다. 즉, 흑인들의 혈압 정상수치는 백인들에 비해 높다는 것이 인정되고 있다.

우리나라 사람들 중에서도 혈압이 높은 이들이 많다. 우리 민족이 다른 민족에 비해 다혈질이고 성질이 급한 한편, 창의적이고 잠재력이 우수하며 머리를 많이 사용하는 편이기 때문이다. 필요한 혈액의 양이 많아서 혈압이 높을 수밖에 없는 것이다. 다시 말해, 우리나라 사람 중에 혈압 높은 사람이 많은 이유 중 하나는 우수한 민족성 때문이라고 할 수 있다. 이렇게 혈압은 민족이나 환경적인 특성에 따라 편차가 있다.

증상을 잘 살피면 병의 원인은 알 수 있다

한의학에서는 고혈압을 질병으로 보지 않고 증상으로 본다. 혈액순환을 정상화하기 위한 자연스러운 현상이라고 여기기 때문이다. 혈압이 높아진 경우에는 그런 상황으로 이끈 원인이 반드시 있다. 인체가 혈압을 높이는 데에는 그럴 만한 이유와 목적이 있다. 고혈압이라고 진단받았더라도 수치에 예민하게 반응하지 말고, 고혈압을 발생시키는 원인이 무엇인가를 찾아서 개선하도록 노력해야 한다. 이를 한의학에서는 '증치의학(證治醫學)'이라고 한다. 다시 말해 병의 증상인 '증(證)'을 통해 원인을 파악하여 근본적으로 치료(治)한다는 뜻이다. 증상을 살피면 원인이 있으니 원인을 제거해야지 증상을 치료하는 것은 의미가 없다는 것이다.

증상에 치우치다 보니 서양의학사전을 보면 등재된 병명만 해도 몇만 가지이며, 증상은 수십만 가지에 이른다. 서양의학에서 처방이 필요한 약품은 3만 종이 넘고, 처방이 필요 없는 약품까지 치면 20만 종을 훨씬 넘는다. 지금까지 계속 그래 왔듯이 현재도 질병과 증상은 점점 많아지고 있으며, 거기에 새로운 병명이 붙는다. 앞으로 얼마나 많은 질병이 만들어지고 증상이 추가될지는 누구도 알 수 없다. 다만 분명한 것은 질병이 만들어질 때마다 신약이 개발될 것이고, 그 약으로 인한 부작용 역시 새로 생겨나리라는 것이다. 실로 우려스러운 일이다.

질병은 다양하지만 그 원인은 하나다. 한의학에서는 이를 '만병일원(萬病一元)'이라 한다. 즉, 인체의 항상성이 깨졌기 때문이다. 인체의 항상성이 깨진 상태는 크게 세 가지로 나누어서 볼 수 있는데 혈액의 상태, 면역력의 상태, 타고난 장부의 특성이다.

첫 번째, 혈액의 상태다. 혈액이 산성화되고 구성 성분에 문제가 발생하면 아토피, 고혈압, 당뇨, 고지혈증, 동맥경화, 암 등이 발생한다. 반대로, 혈액이 깨끗하고 맑아지면 만병이 치료된다.

두 번째, 면역력(원기)의 상태다. 면역력이 저하되면 감기에서부터 암까지 다양한 질병이 발생한다. 반대로, 원기(면역력)가 상승하면 모든 질병이 치료되고 예방된다. 면역력은 체온이 결정한다. 세 번째, 타고난 장부의 특성이다. 인간은 태어나면서 강한 장부와 약한 장부가 정해진다. 타고난 장부의 특성에 무절제한 생활습관이 겹치면 다양한 질병이 발생할 수 있다.

이상의 세 가지에서 항상성이 깨지면 질병이 생긴다. 질병의 증상은 사람에 따라, 또 나빠진 정도에 따라 다양하게 나타난다. 하지만 어쨌든, 증상은 그 자체로 좋은 것이다. 우리 몸이 나빠지고 있다는 것을 알려주는 신호이기 때문이다. 그 신호에 따라 개선해야 할 점을 발견하고 적극적인 노력을 기울이면 어떤 질병도 근본 치유가 가능하다.

내 몸이 보내는 신호에 귀 기울여라

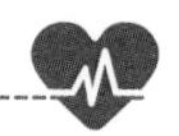

임상에서 환자를 만나다 보면 실로 다양한 경우를 보게 된다. 같은 질병이라도 증상이 각기 다르고, 증상이 같은 경우라도 원인이 다 다르다. 혈압 때문에 힘들어하는 환자라 해서 모두 한 가지 방법으로 치료할 수 있는 건 아니다. 한의학에서는 혈압이 180㎜Hg이 넘고 때로는 200㎜Hg까지 치닫는다고 해서 무조건 혈압 강하제를 복용해야 한다고 말하지 않는다. 이 중에는 '고혈압 증상을 가진 건강한 사람'이 대부분이다.

혈압은 하나의 증상일 뿐이므로, 왜 그런지를 알아내서 그 원인을 개선해주면 혈압은 자연히 내려간다. 고혈압의 원인은 한 두 개로 정리할 수 없다. 심하게 말하면 사람 수만큼이나 다양하다고도 할 수 있다. 그래도 오랫동안 고혈압을 가진 분들을 대하다 보니 고혈압의 원인이 크게 다섯 가지로 분류됨을 알 수 있었다.

첫째, 혈압이 높다는 말은 다른 사람보다 인체에 피가 더 많이 필요하다는 신호다. 다혈질이고 성질이 급하고 화를 잘 내고 외향적인 사람은 내성적인 사람에 비하여 교감신경이 발달한 사람이니 혈압이 높아지기 쉽다. 증상으로 보면, 피곤함을 쉽게 느끼거나 긴장을 잘 하거나 잠을 못 자거나 소화가 안 되거나 몸이 찬 사람들이다. 그런 사람은 교감신경의 반응으로 혈관이 수축되어 혈액순환에 지장을 받기 쉬우니 혈압이 높아야 한다. 그래야 전신에 혈액을 정상적으로 공급할 수 있다.

둘째, 나이가 들수록 혈압이 높아지는 것 역시 당연한 일이다. 연세가 들면 노화로 인한 자연스러운 현상으로 혈관의 탄력이 떨어지고 혈관 내에 이물질이 끼게 된다. 노화로 혈관이 굳어가면 혈관의 탄력이 떨어지고, 지방이나 콜레스테롤 등의 찌꺼기가 혈관 내에 들러붙어 좁아질뿐더러, 모세혈관이 더욱 가늘어져 혈류에 저항이 높아진다. 이런 상태에서 이전과 같은 양의 혈액을 몸에 공급하려면 혈액을 내보내는 힘이 더 세져야 한다. 이것이 바로 혈압이 높아진다는 뜻이다.

셋째, 약하게 타고난 장부를 보호하기 위해 혈압이 높아지기도 한다. 살아 있는 인체는 나이, 외부 환경, 체질이나 증상에 따라 혈압이 올랐다가 내려가는 것이 지극히 정상적인 생명 현상이다. 고혈압은 체질적으로 약한 장기를 보호하기 위해 생기는 경우가 많다. 1년 사계절에도 추운 계절과 더운 계절이 있듯이, 인간도 태어날 때 약한 장기와 강한 장기를 가지고 태어난다. 약한 장부는 고혈압뿐 아니라 모든 질병의 중요한 원인이 될 수 있다. 그래서 인체는 약한 장부를 보호하기 위해 기혈을 많이 공급하여 항상성을 유지하려고 한다. 이를 반영하듯이 고혈압의 원인이 어떤 사람은 신장에 있을 수 있고, 어떤 이는 심장, 어떤 이는 소화계통에 있을 수 있다.

넷째, 혈압은 맥박, 호흡, 체온, 의식과 더불어 바이털 사인, 즉 활력 증후다. 활력 증후란 사람의 생명과 관련된 가장 중요한 정보다. 정상 혈압에서 40㎜Hg 정도 낮아지면 쇼크 상태에 이른다. 온몸에 땀이 나고, 안색이 창백해지며, 구토·의식 장애 등이 발생해 최악의 경우 죽음에 이를 수도 있다. 평소에는 혈압이 정상이던 사람도 어떤 상황이 되면 혈압이 오를 수 있다. 운동을 하거나 어떤 일에 몰두하거나 스트레스를 많이 받으면 당연히 혈류의 흐름이 증가되어 혈압이 높아진다. 심지어 화장실에서 일을 볼 때 변을 보기 힘들어서 과도하게 힘을 주거나 더운 실내에 있다가 차가운 바깥으로 나갔을 때도 찬 기운이 혈관을 수축시키니 혈압이 일시적으로 올라갈 수 있다.

사람이 죽으면 혈압은 제로가 된다. 따라서 혈압이 내려간다는 것은 그만큼 죽음에 다가서는 것과 같다. 혈압이 오르는 것은 인체를 지키려는 증상인 경우가 대부분이므로 혈압이 상승한다는 것은 살아 있다는 증거다. 다시 말해 혈압이 높아서 문제가 되는 경우는 그렇게 많지 않고, 오히려 혈압은 낮으면 더 문제가 된다.

다섯째, 혈압이 상승하는 중요한 원인으로, 무절제한 생활습관에서 고혈압이 생길 수 있다. 기름진 음식을 과식하고, 음주와 흡연을 즐기며, 운동을 거의 하지 않는다면 고혈압만이 아니라 모든 질병을 만들 수 있다.

인체는 호흡을 통해서 산소를 받아들이고 에너지를 얻는다. 몸 안으로 받아들인 산소의 95%는 에너지를 생성하는 데 사용되고, 나머지 5%는 에너지를 만드는 과정에서 몇 가지 중간 대사물을 만드는 데 사용된다. 폐에서 받은 산소를 태움으로써 생명대사를 영위하는데 그때 타다 남은 일종의 찌꺼기로 나오는 것이 활성산소다. 폐에서 마신 산소의 약 2%가 활성산소로 바뀐다. 그러니 우리가 살아 있는 한 활성산소의 발생은 피할 수 없는 것이다.

생활습관의 부절제는 활성산소를 더욱 많이 만들게 된다. 활성산소가 각 장부와 조직, 세포혈관, 혈액 등을 엄청나게 공격하는 상황이 되면, 우리 몸은 활성산소를 없애려는 몸부림으로 혈중의 요산수치를 높이거나 혈압을 상승시킬 수 있다. 얼마 전까지만 해도 요산은 통풍이라는 질병의 원인으로만 여겨져 악당 취급을 받아왔으나 우리 몸에서 활성산소를 없애는 중요한 일을 한다는 사실이 밝혀짐으로써 그 역할이 새롭게 조명되고 있다.

무절제하게 생활하면서도 평생 건강을 유지할 수 있는 놀라운 생명체는 존재하지 않는다. 젊어서야 기초 체력으로 어찌어찌 버티지만 40대 넘어가고 50대 넘어가면 몸 상태가 급속히 나빠져 수많은 고질병에 시달리게 된다. 활성산소가 증가하고, 면역력도 떨어지고, 몸이 산성화되고, 혈관 내에 산화질소도 만들어내지 못하는 몸이 되므로 몸이 스스로를 방어하지 못하게 된다.

'건강은 건강할 때 지켜야 한다'는 말이 달리 있는 게 아니다. 건강할 때는 조금만 신경을 써줘도 건강을 유지하기가 수월하지만, 한 번 망가진 다음에는 효과가 금방 나타나지 않는다. 심지어는 건강을 위해 운동할 힘조차 없을 수도 있다.

▶ 평소 식습관이 혈압을 바꾼다 ◀

인체는 외부에서 에너지를 공급해줘야 돌아갈 수 있는 시스템이며, 그 에너지란 바로 위에서 설명한 호흡을 통한 공기와 음식이다. 흔히 '피가 되고 살이 된다'고도 말하듯이 우리가 먹는 음식의 질과 양이 우리 몸의 건강 상태를 결정한다고 봐도 과언이 아니다. 입에 좋은 것이 꼭 몸에 좋은 것은 아니기 때문에 건강에 이로운 음식으로 골라 먹어야 한다.

그렇지만 사실 자극적이고 기름지며 화학조미료가 많이 든 음식을 피하고, 섬유질과 미네랄이 풍부한 통곡류와 과일, 채소를 위주로 먹어야 한다는 정도는 누구나 알고 있다. 특히 패스트푸드가 건강상 여러 문제를 일으킨다는 정보도 모르는 사람이 없을 것이다.

여기서는 그와 같은 기본적인 주의사항을 전제로 하고, 특히 신경을 써서 섭취량을 줄여야 하는 두 가지에 대해 경고하고자 한다. 하나는 액상 과당이고, 다른 하나는 밀가루다. 이 둘을 식단에서 완전히 몰아낸다는 게 쉬운 일은 아니지만, 어느 정도만 신경 써도 식생활 개선은 거의 이루어진 것이나 다름없다.

설탕보다 더 해로운 액상 과당

오늘날의 식단에서 과도한 탄수화물이 고혈압을 일으킨다는 연구 결과가 많다. 당 지수를 높일 뿐만 아니라 동맥과 세포의 염증을 발생시킨다는 주장이다. 몸속에 발생한 염증은 많은 독소와 노폐물을 생산하여 혈압을 높이고, 혈액을 타고 전신을 순환하면서 조직과 장부에 악영향을 준다. 탄수화물 중에서도 특히 나쁜 것은 액상 과당으로, '설탕보다 더 나쁘다'고 이야기할 수 있다.

요즘에는 소비자들의 눈높이도 상당히 높아져서 장을 볼 때 성분 표시를 꼼꼼히 보는 사람이 많아졌다. 그런데 업체들은 여기서도 눈속임을 한다. 단적인 예로, '설탕 무첨가'라는 말이 있다. 이는 설탕은 들어가지 않았지만, 그에 준하는 '다른 성분'이 들어 있다는 뜻이다. 설탕이 나쁘다는 인식이 퍼져 가고 있으니 이를 피해 가고자 하는 꼼수인데, 그 '다른 성분'이 바로 대부분 액상 과당이다.

설탕과 액상 과당의 차이점 몇 가지를 보면, 설탕은 사탕수수를 원료로 하는 데 비해 액상 과당은 옥수수로 만들어진다. 그리고 분말로 된 설탕보다 액상 과당은 말 그대로 액체이기 때문에, 업자 입장에서는 유통이 편리하다는 장점이 있다. 감미도를 비교해보면 설탕이 '1'이라 할 때 액상 과당은 '0.77' 정도여서 단맛이 조금 덜하다. 그래서 '덜 다니까 건강에 덜 해로울 것'이라는 생각을 하는 사람도 많은데, 이는 액상 과당 회사의 은밀한 마케팅에 의한 것이라고 볼 수 있다.

액상 과당은 설탕보다 왜 더 해로울까? 가장 기본적으로는 그 분자구조 때문이다. 구성성분을 보면 설탕은 과당과 포도당이 50%씩으로 되어 있고, 액상 과당은 과당 55%, 포도당 40%, 맥아당 5%로 되어 있어서 큰 차이가 없다. 그런데 설탕은 포도당과 과당이 화학적으로 결합되어 있지만, 액상 과당은 분리되어 있다. 이는 곧 우리 체내에 들어왔을 때 흡수 과정이 한 단계 줄어든다는 것을 뜻한다. 다시 말해 혈당치를 빠르게 높이고 최고 혈당치도 그만큼 상승시킨다는 뜻이다.

또한 흡수가 빠르기 때문에 뇌가 미처 포만감을 느낄 새도 없이 지나친 양을 먹게 되며, 이 때문에 비만이 초래된다. 비만 역시 체내 염증 만만치 않게 혈압을 높이는 원인이 된다.

전신 염증을 일으키는 밀가루

밀가루 역시 몸속 염증을 일으키는 주범이다. 바로 글루텐이라는 단백질 성분 때문인데, 밀가루 음식의 식감을 내는 성분이다. 밀가루를 반죽할수록 점점 쫀득쫀득해지는 것도 바로 글루텐이 있기 때문이다. 글루텐에 대한 감수성이 있는 사람은 전체 인구의 30~40%로 나타나고 있는데, 이들은 밀가루 음식을 먹었을 때 특히 더 많은 위험을 겪는다.

더욱이 지금의 밀은 병충해를 이기고 수확량을 늘리도록 유전자를 조작한 것으로, 글루텐 함량이 이전보다 훨씬 높아졌다.

미국에서 유전자 조작 밀이 시장에 나온 것은 1985년의 일이다. 이후 미국인만이 아니라 세계인의 체중이 급격히 늘었고, 많은 이들이 대사 장애를 겪게 되었다. 대사 장애란 인체가 물질을 자연스럽게 대사하지 못하는 상태로, 예컨대 인슐린 저항성이 높아지거나 혈당 조절이 어려워지는 경우를 들 수 있다. 한마디로, 이전까지 몸이 자연스럽게 해오던 체내 화학반응을 방해받고 있다는 뜻이다.

유전자 조작 밀이 이처럼 엄청난 악영향을 끼치기 때문에 많은 사람이 이에 대해 연구를 했는데, 그 결과를 일부 보자면 다음과 같다.

밀은 내장에 아주 나쁜 염증을 일으키고, 그 장애로 다양한 질병이 발생된다. 심한 경우는 밀이 원인이 되어 사망에 이르기도 한다. 밀은 설탕보다 더 빨리, 그리고 더 높게 혈당을 올린다. 갑상선에 자가 면역성 염증을 유발하고, 내장이 붓고 뒤틀리며, 설사와 변비가 번갈아 오고, 식도와 위를 연결하는 근육이 약화되어 위에서 식도로 산이 역류하여 속쓰림을 겪게 한다. 정신 분열증을 더 악화시키고, 자폐증을 앓고 있는 아이들의 행동을 더 과격하게 만든다. 류머티즘, 궤양성 장염 등 염증성 질환의 위험을 증가시키고 악화시킨다. 원인을 알 수 없는 빈혈증, 정서불

안, 피로감, 섬유근육통, 습진, 골다공증을 일으킨다. 이런 증상을 겪고 있다면 식단에서 밀가루를 당장 몰아내야 한다.

알면서도 놓지 못한 습관을 버려라

진료를 하다 보면 경계역 고혈압(160/94㎜Hg) 진단을 받은 이들도 자주 접하게 된다. 병원에서 "아직 혈압약을 복용할 정도는 아니지만 고혈압으로 발전할 가능성이 높습니다"라는 설명을 들었다며 걱정을 많이 한다. 일부는 이미 약을 먹고 있는 경우도 있다. 160/94㎜Hg의 고혈압으로 복용을 시작했든 안 했든, 이들은 평생 약을 달고 살아야 한다는 게 끔찍해서 한의원을 찾는 경우가 많다. 이처럼 혈압약 외의 방법을 적극적으로 찾아 나서는 사람들은 치료 효과도 더 좋다. 고혈압의 치료는 생활습관 개선이 가장 중요한 역할을 한다. 생활습관을 적극적으로 개선하면서 치료하는 사람들은 짧은 시간에 효과가 잘 나타난다.

내가 강조하는 주의사항이란 특별한 게 아니다. 그렇지만 혈압만이 아니라 자기 몸을 건강하게 유지하려면 기본적으로 지켜야 하는 세 가지다.

흡연은 절대 금물!

우리나라의 경우 30세 이상에서는 고혈압 발생률이 30% 정도이며, 60세가 되면 이 비율이 50% 이상으로 급증한다. 고혈압 발생률이 그처럼 높아지는 높아지는 이유 중, 생활습관 측면에서는 흡연을 가장 먼저 꼽을 수 있다. 담배를 피우면 말초혈관이 수축해서 혈압이 올라가며, 흡연 기간이 늘어나면 늘어날수록 '만성 일산화탄소 중독'이 되어 동맥경화가 진행된다. 이는 담배에 함유된 니코틴이 교감신경을 자극하기 때문이다.

자율신경계 중 교감신경은 위험에 대처하기 위해 전신을 순간적인 긴장 상태로 만든다. 그 옛날 세렝게티 초원에서 사자와 마주쳤을 때, 사자와 맞서 싸우거나 재빨리 도망갈 수 있도록 해주었던 인간의 본능적인 반응이다. 이런 본능은 생명의 유지와 직결되는 것이므로 현 인류에게도 여전히 전달되고 있다. 담배를 피우는 것쯤이야 맨 몸으로 사자를 만나는 것에 비하면 아무것도 아니라고 생각할지 모르겠으나, 몸에 미치는 영향을 봤을 때는 꼭 그렇지도 않다. 혈관을 수축시켜 혈압이 오르게 하기 때문이다. 혈압이 오르는 상태가 일시적이고, 조금 지나 혈압이 제자리로 돌아온다면 그다지 문제가 되지 않는다. 그렇지만 교감신경이 지속적인 긴장 상태에 있어서 혈관이 지속적으로 수축된다면 혈압 역시 지속적으로 높은 상태에 있게 된다. 이렇게 보면, 사자를 만나는 것보다 담배를 피우는 것이 가벼운 문제라고는 말할 수 없을 것이다.

해마다 연말연시가 되면 새해 결심 목록에서 1위를 차지하는 것이 금연이기도 하다. 그만큼 흡연의 폐해를 다들 알고 있다는 얘기다. '후회는 언제 해도 늦다'는 말이 있는데 흡연에 대한 후회만큼 안타까운 것도 없을 것이다. 담배에 대해서는 여러 말이 필요 없다. 하루라도 일찍 끊는 것이 정답이다.

음주는 적당히, 안주도 적당히

흡연에 이어 손꼽히는 금기 사항이 음주다. 술은 가끔씩 적당량을 마신다면 크게 문제가 되지 않는다. 그렇지만 우리나라 사람들은 '먹고 죽자' 식으로 술을 마시는 경우가 많다. 지금이야 많이 나아졌다고 하지만, 그렇다고 해도 느긋하게 즐기면서 마신다기보다 전투적으로 마신다는 분위기가 여전히 강하다.

알코올은 우리 몸에서 아세트알데히드라는 중간물질로 바뀌었다가 ADLH라는 효소의 작용으로 아세틴산으로 변환된다. 술을 마셨을 때 얼굴이 붉어지고 심장이 두근거리고 두통을 느끼는 등의 이유가 바로 이 물질 때문이다. 즉, 심장의 박동을 빠르게 하여 혈액량을 늘림으로써 혈압이 높아지는 것이다. 이 중간물질을 몸속 효소가 제대로 처리하지 못할 때 위와 같은 현상이 나타나는데, 우리나라 사람에겐 ADLH 효소가 적다는 사실이 잘 알려져 있다. 그러므로 술을 마시더라도 효소가 처리할 수 있는 정도로만 마신다면 혈압 올리는 일 없이 즐겁게 마실 수 있을 것이다.

술을 마실 때는 칼로리에도 유의해야 한다. 먼저 술 자체의 칼로리다. 알코올 1g은 7kcal의 열량을 낸다. 1g당 4kcal를 내는 탄수화물이나 단백질보다 높은 수치로 1g당 9kcal인 지방에 가깝다. 쉽게 생각해, 소주 1잔이 100kcal 정도라고 보면 된다. 공기밥 1개를 보통 300kcal라고 치므로, 소주 석 잔이면 밥 한 공기가 되는 셈이다. 거기에 안주도 있다. 안주는 대체로 기름진 음식이 많고 자극적이어서 많이 먹게 된다. 우리나라 성인 남성 중 하루 칼로리의 절반 이상을 술자리에서 섭취하는 사람이 많다는 조사 결과도 있다.

과도한 칼로리는 비만을 부르고, 비만은 혈액 소모량을 증가시켜 혈압을 올리는 원인이 된다. 오늘부터라도 술자리에 갔을 때는 '혈압을 생각해서' 적게 마시고 적게 먹는다는 생각을 하자.

스트레스, 피할 수 없다면 이겨라

우리는 인류사에서 문명과 과학이 가장 발달한 현대를 살아가고 있지만, 한 가지 딜레마를 안고 있다. 바로 우리 뇌가 수백만 년 전 아프리카 초원에서 살던 선조들의 것과 크게 달라지지 않았다는 것이다. 요약하자면 '21세기를 살아가는 원시 뇌'라고 할 수 있다.

그래서 우리가 생각할 때는 크게 문제 될 것이 없는 일상적인 위험인데도 뇌는 생명을 위협하는 정도로 반응하기도 한다. 때로는 우리가 의식하지 못하는 것조차 감지하여 방어 태세를 갖추기도 한다. 예를 들면 마트 상품 진열대의 툭 튀어나온 모서리라거나 2층 베란다에 위태롭게 놓여 있는 화분 같은 것들이다. 자신도 모르게 불편한 기분이 들었다가 사라지는 순간이 가끔 있다면 바로 이런 경우들이다.

그런 작은 불편들에조차 반응하는 뇌이니, 현대인이 겪는 수많은 스트레스 상황에 대해서는 더 말할 것도 없다. 우리 뇌는 첩첩산중에서 살다가 갑자기 광화문 네거리에 내던져진 것처럼 '정신을 못 차릴 정도'의 상태라고도 할 수 있을 것이다. 한편으로는 익숙해지고 한편으로는 학습을 통해 긴장감을 웬만큼 완화하기는 했지만, 그렇다 하더라도 우리는 아직 본능의 작동을 인위적으로 컨트롤하지 못한다.

그런 본능이 우리의 교감신경을 항진시켜서 혈압을 올리는 원인이 된다. 스트레스니 교감신경이니 하는 것에 대해 알지 못했던 우리 선조들도 화를 내거나 긴장하면 건강에 좋지 않다는 것을 잘 알았다. 그래서 '일소일소 일노일노(一笑一少 一怒一老)', 즉 '한 번 웃으면 한 번 젊어지고, 한 번 화내면 한 번 늙는다'라고도 했다.

오늘날을 살아가면서 스트레스를 겪지 않을 수는 없다. 대신 모든 스트레스 상황에 날카롭게 반응하면서 스스로 생명을 단축할 필요는 없다. 웃어넘길 건 웃어넘기고, 무시할 건 잊어버리고, 맞서 싸울 건 해결해나가면서 이겨낼 방법이 필요하다. 이는 고혈압의 문제에서만이 아니라 전반적인 건강에서 가장 기본적인 원칙이다.

이외에 몸을 항상 따뜻하게 관리하기 위해 햇빛을 하루 30분 이상 쬐면서 걷는 습관, 저녁에 입욕, 족욕을 하는 습관, 오전에는 생청국장을 먹는 습관, 물을 먹을 때 물 500cc에 죽염을 2g 정도 넣어서 먹는 습관, 과식 야식 간식은 금하는 것이 좋다. 아침저녁으로 10분 정도 즐겁게 웃는 습관과 하루 3번 정도 복식으로 호흡하면서 숨을 깊이 들이쉬고 내쉬는 습관도 고혈압을 치료하는 데 중요한 생활습관이다. 이런 내용들은 뒤에 5장에서 자세하게 설명을 하겠다.

5장

약없이 고혈압 잡기 6주 프로젝트

혈압을 내리고
피를 맑게 하는 청혈 습관

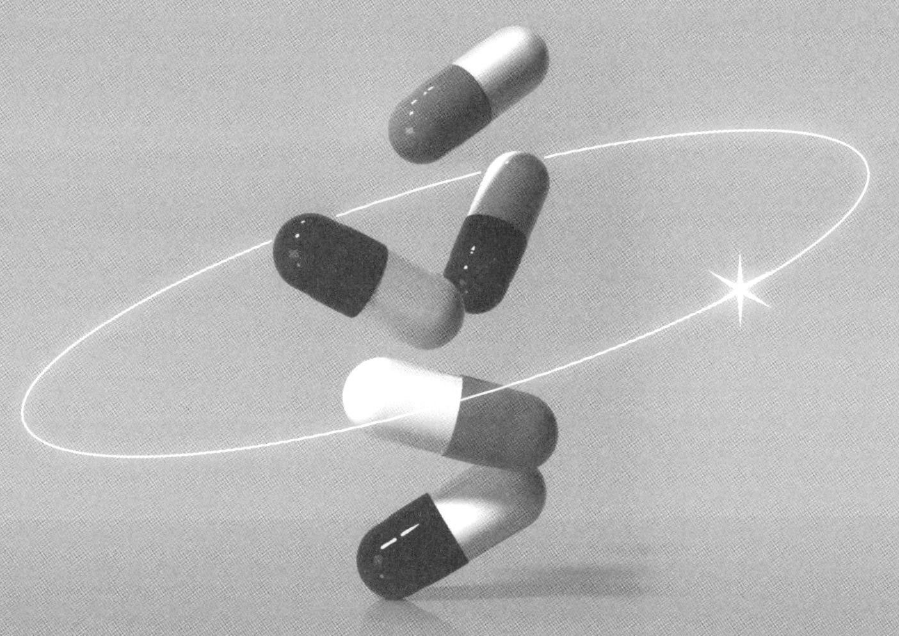

6주 만에 혈액순환은 안정될 수 있다

요새는 어딜 가든 혈압계를 흔히 볼 수 있다. 병원은 물론이고 목욕탕이나 찜질방, 헬스장 같은 곳에도 혈압계가 놓여 있는 곳이 많다. 함께 온 일행끼리 혈압을 재보고는 서로 저혈압이니 고혈압이니 하는 얘기를 하기도 한다. 그런데 그렇게 재는 혈압이 의미가 있을까?

우선 목욕탕이나 찜질방은 대체로 체온이 상승하는 곳이고 헬스장은 신체 활동을 많이 하게 되는 곳이다. 즉, 평소와는 다른 환경이다. 병원에서 혈압을 측정하면 꼭 높게 나온다는 사람도 많은데, 긴장을 하기 때문이다. 이런 곳들에서 잰 혈압을 자신의 실제 혈압이라 할 수 있을까?

혈압에 대한 또 한 가지 사실이 있다. 한 사람 안에서도 수시로 달라진다는 것이다. 1년 사계절은 물론이고 아침에 막 일어났을 때와 어느 정도 활동을 해서 몸이 풀리고 난 다음이 서로 다르고, 식사 전후로도 달라지며, 커피나 술 등 먹은 음식에 따라서도 달라진다. 마음이 평온하고 잠을 잘 잤을 때에 비해 걱정거리가 많거나 밤샘 근무를 했을 때는 혈압이 높아진다.

이처럼 혈압이란 특정한 수치에 머물러 있는 게 아니다. 우리가 끊임없이 활동하고 움직이듯이 혈압도 그에 맞춰 반응한다. 그러므로 어떤 순간에 잰 혈압을 가지고 고혈압이라거나 저혈압이라고 말할 순 없다. 자신의 혈압이 높은지 낮은지가 굳이 궁금하다면 같은 조건, 같은 시간대에 최소한 30분 정도 안정을 취한 후의 혈압을 며칠 간격으로 재는 방법이 가장 낫다.

그런데 혈압을 관리하는 데에서 핵심은 내 혈압 수치가 얼마인가가 아니다. 내 몸에서 혈액순환이 제대로 이뤄지고 있는가 하는 것이다. 현재의 혈압이 정상수치 범위에 있다 하더라도 혈액순환에 문제가 있다면 조만간 혈압 문제를 겪게 될 것이고, 현재 혈압이 다소 높더라도 혈액순환이 잘 되도록 몸을 잘 만들어간다면 내게 딱 맞는 혈압으로 안정될 것이다.

순환이 잘 되는 구조를 만들기 위해 우선 필요한 일은 4장에서 설명한 기본 사항을 유념하는 것이다. 그런 다음에는 피를 맑게 하고 체온을 높이는 데 집중한다. 내가 운영하는 피 해독 프로그램과 체온 상승 프로그램을 간략하게 소개하겠다. 먼저 발효청혈주스는 1일 1회~3회, 생청국장 또는 청혈바를 아침 공복에 1일 1회~2회 복용하고, 청혈차(청아차), 발효쑥차를 1일 1티백 복용한다. 낮에는 햇볕을 쬐며 30분 이상(체온 상승 프로그램을 진행 중일 때는 1시간 이상) 산책하고, 밤에 자기 전에 족욕 또는 반신욕을 30분 이상, 아침과 저녁 두번 10분 정도 즐겁게 웃는 시간을 가지고, 물을 마실 때는 500cc에 죽염 2g을 넣어서 마시고 하루 3번 정도 복식 호흡을 할 것을 권장한다. 이때 양약은 가능하면 먹지 않거나 최소한으로 줄여 몸이 자연치유력을 회복해가도록 돕는다.

그 외에 뜸 치료와 경혈 자극, 한약 복용을 병행하였으나 방금 소개한 청혈주스와 청혈차 그리고 햇볕 쬐기만으로도 크게 효과를 볼 수 있다. 증세의 경중에 따라 차이는 있지만, 시간상으로 최소 3주는 진행해야 한다. 그 이유는 우리 몸의 세포가 3주(약 20일에서 30일)의 수명을 가지기 때문이다. 병들었거나 허약한 세포를 새로 태어난 건강한 세포로 완전히 바꾸는 데 필요한 최소한의 시간이 3주다. 피 해독과 체온 상승 프로그램을 각기 3주씩 진행하면 6주 만에 혈액 순환이 안정을 되찾을 수 있다. 이 기간에 피를 맑게 하고 체온을 높이는 방법이라면 무엇이든 유익하다. 굳이 한의원을 방문하지 않더라도 이를 기준으로 집에서 꾸준히 실행해본다면 혈압으로 고생할 일이 없을 것이다.

이렇게 해서 피가 맑아지고 체온이 상승하면 산화질소가 잘 만들어지는 몸이 되는데, 혈압을 관리하는 키워드가 바로 이 산화질소다.

산화질소가 충분하면 혈압은 저절로 내려간다

산화질소는 우리 몸의 동맥 혈관 안쪽에서 자연적으로 생성되는 강력한 혈관 확장 물질이다. 동맥은 속이 빈 호스처럼 되어 있는데, 빈 공간으로 혈액이 흐르고 이를 평활근이라는 근육이 감싸고 있다. 평활근은 원래 유연성이 뛰어나 혈액량의 많고 적음에 따라 유연하게 조절된다. 운동을 하는 등 갑자기 혈액 필요량이 늘어나 흐르는 혈액의 양이 많아지면, 산화질소가 작용하여 혈액이 잘 지나갈 수 있도록 통로를 넓혀주는 것이다. 이처럼 혈액의 양에 따라 혈관의 이완과 수축을 조절해주는 혈관지기로서의 역할이 산화질소가 하는 가장 중요한 일이다.

그 다음으로 중요한 것이 혈관 청소부로서의 역할이다. 혈액이 정체되지 않으면 혈관벽에 콜레스테롤이 쌓이지 않아 동맥의 죽상경화도 예방된다. 또한 노폐물도 빠르게 처리되므로 노폐물 때문에 피가 걸쭉해지거나 엉기는 일이 일어나지 않는다. 이에 따라 혈관 어느 부분을 막아서 일어나는 뇌졸중이나 심장 이상이 발생하지 않는다. 그러므로 청소부로서의 일은 혈관만이 아니라 몸 전체의 건강에 무척 중요하다.

그리고 또 한 가지는, 앞의 두 역할을 잘 해낼수록 산화질소가 잘 생성되는 혈관 상태를 유지할 수 있다는 것이다. 혈관이 젊고 유연하면 산화질소가 잘 만들어져 제 역할을 톡톡히 할 수

▶ 산화질소는 혈관벽을 청소한다

있다. 인간은 산화질소 생성 능력을 타고나기 때문에 아이일 때는 혈관이나 혈압 문제가 발생하지 않는다. 하지만 나이가 들면서 점차 혈관이 굳거나 이물질이 많이 끼게 되면 산화질소 생성 능력도 떨어진다. 잘 움직이지 않는 습관, 기름진 음식의 과식, 흡연, 음주 등이 몸을 산성화시키고 혈액을 오염시켜 우리 몸이 가지고 있는 자연스러운 능력을 떨어뜨리는 것이다.

산화질소를 잘 만들어내지 못하는 몸에서는 어떤 일이 일어날까? 혈액이 지나가는 통로가 적절하게 넓어지지 못하기 때문에 혈압이 높아진다. 좁은 호스에 많은 양의 액체를 흘려보내니 미처 감당하지 못해 저항이 커지기 때문이다. 또 혈관이 적절히 넓어지지 못하면 혈액 흐름이 느려진다. 흐름이 느릴수록 노폐물이 쌓이기 쉬워지며, 그 노폐물에서 나오는 독소가 주변 세포를 공격하여 체내 염증이 생기고 암과 당뇨 합병증까지 올 수 있다. 이는 그간 수많은 연구에서 연관관계가 입증된 사실이다.

산화질소가 주로 만들어지는 곳은 동맥 내피세포이지만, 그 외에도 몸 곳곳에서 생성되어 그 부위에 적합한 일을 해낸다. 폐의 신경세포에서 생성되는 산화질소는 기도를 확장시켜서 호흡에 도움을 주고 폐 기능을 회복시키는 역할을 한다. 뇌에서 생성되는 산화질소는 기억과 학습 능력을 개선하여 치매를 예방하는 데 도움을 준다.

산화질소는 또 다른 중요한 세포인 백혈구에서도 생성된다. 몸에 암세포가 만들어졌을 때 백혈구는 산화질소를 사용해 세균, 진균 및 기생충과 같은 감염체를 사멸시킴으로써 종양으로부터 인체를 보호한다. 암 발병의 다양한 원인 가운데 하나가 활성산소에 의해 DNA가 손상되는 것인데, 산화질소는 강력한 항산화제로서 이상세포의 증식을 막는다. 과학자들은 산화질소가 세포 자연사를 유도해 종양의 성장을 억제한다고 보고 있다.

그 외에 당뇨병을 지닌 사람들에게서 산화질소는 혈류 장애와 관련된 합병증을 예방해준다. 그리고 발기체로 가는 혈관을 확장시켜 음경의 발기를 촉진한다. 미국 화이자사가 개발한 발기부전 치료제 비아그라도 산화질소 연구를 기초로 개발된 상품이다.

산화질소가 잘 생성되지 않으면 이처럼 우리 몸 곳곳에서 산화질소가 해내던 일에 지장을 받기 때문에 어려움을 겪게 된다. 또 산화질소는 기체이기에 몸에 저장이 되지 않으며, 생성된 지 몇 초도 지나지 않아서 금방 사라지고 만다. 따라서 산화질소가 잘 생성되는 몸이 되려면 단기간이 아니라 꾸준히, 일상적으로 관심을 기울여야 한다.

산화질소를 잘 생성하는 몸을 만들려면 어떻게 하면 될까? 먼저, 주요 생성 장소인 혈관 내피에 영양이 충분히 공급될 수 있도록 환경을 만들어주어야 한다. 음식을 통해 L-아르기닌과 L-시트룰린을 섭취하는 것이 중요하다. L-아르기닌은 체내에 들어가면 산화질소로 전환되는 아미노산으로, 산화질소의 필수적인 원료다. L-시트룰린은 L-아르기닌이 산화질소로 전환될 때 형성되는 부산물로 재활용 경로를 통해 L-아르기닌으로 전환되어 산화질소 생성에 관여한다. 유제품, 채소, 견과류에 많이 들어 있다.

더불어, 빼놓지 말아야 할 것이 운동이다. 운동은 내피세포가 충분한 양의 산화질소를 만들어내도록 돕는다. 그럼으로써 혈액이 전신을 순조롭게 흐르도록 해 혈압을 낮춘다. 또한 '좋은' HDL 콜레스테롤 수치를 증가시키고, 동맥벽에 죽상반이 축적되지 않게 하여 심장발작이나 뇌졸중 위험을 줄여준다. 걷기나 조깅, 자전거 타기, 수영, 테니스, 요가, 필라테스 등 최소 20분간 계속해서 숨을 깊이 쉬게 하는 유산소 운동이 좋다.

임상에서 직접 확인한 산화질소의 효과

나 역시 임상에서 산화질소를 적극적으로 활용하고 있다. 우리 한의원을 방문하는 환자들에게 발효청혈주스를 처방하는데, 여기에는 산화질소가 풍부히 들어 있다(이는 다음에 소개하는 '산화질소 테스트 바'로 확인하였다). 높은 혈압으로 오랫동안 약을 복용해온 환자들도 몇 주 또는 몇 달 만에 혈압이 안정되어 치료를 완료한 경우가 많다.

초음파를 통해 산화질소가 실제로 혈관을 확장시킨다는 사실을 확인할 수 있다. 다음 경동맥 초음파 사진은 남성 2명과 여성 2명의 것으로 발효청혈주스 복용 전과 복용 30분 후를 비교한 것이다. 총경동맥 외경과 혈압, 체온, 체열을 하나씩 비교해보면 산화질소의 효과가 얼마나 뛰어난지를 금방 알 수 있다.

1. 총경동맥의 외경: 확장됨

   평균 1㎜ 넓어져 산화질소 복용 이전에 비해 평균 14.4% 확장됨

2. 혈압: 하강함

   - 수축기 혈압: 평균 14.8㎜Hg가 떨어져 산화질소 복용 이전에 비해 10.8% 하강함
   - 이완기 혈압: 평균 12.8㎜Hg가 떨어져 산화질소 복용 이전에 비해 16.0% 하강함

3. 체온: 좌측과 우측이 다름

좌측 귀 온도는 평균 0.3℃ 상승하였으며, 우측 귀는 평균 0.1℃ 하강함

4. 체열: 모두 상승함

- 전중(가슴 가운데)은 평균 1.2℃ 상승함
- 중완(복부 가운데)은 평균 1.6℃ 상승함
- 천추(배꼽 아래)는 평균 1.4℃ 상승함
- 대추(뒷목 가운데)는 평균 1.4℃ 상승함
- 지양(양 견갑골 사이)은 평균 1.0℃ 상승함
- 요양관(아래 허리 가운데)은 평균 0.9℃ 상승함
- 노궁(손바닥 가운데)은 우측이 평균 1.4℃ 상승하였으며 좌측은 평균 0.4℃ 상승함
- 중저(손등 가운데)는 좌우 모두 평균 0.6℃ 상승함

산화질소 섭취 전후의 혈관 비교

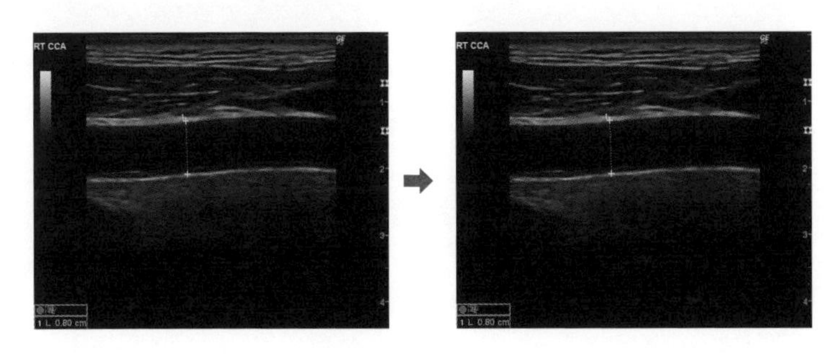

▶ 사례자1

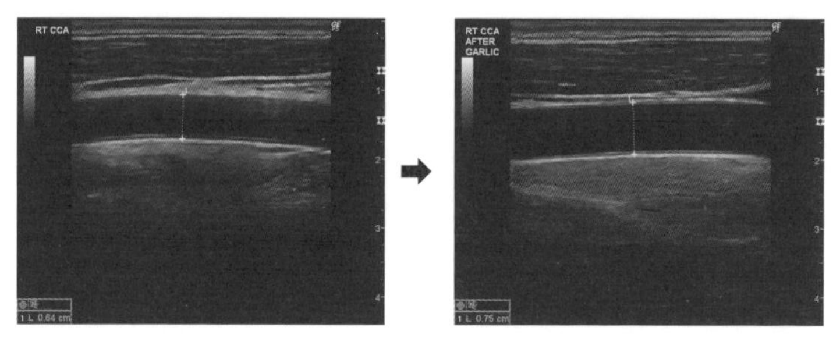

▶ 사례자2

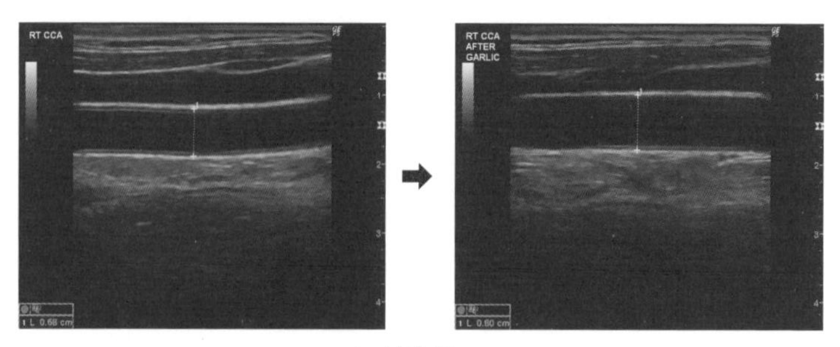

▶ 사례자3

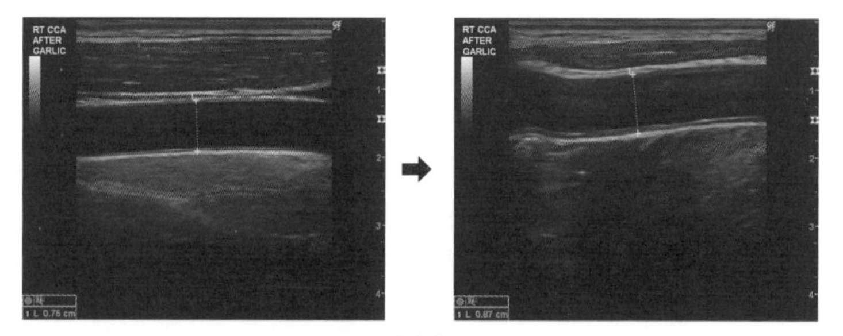

▶ 사례자4

산화질소를 섭취한 결과 동맥이 평균 1㎜나 확장되었고 혈압은 평균 10㎜Hg 이상 하강하였다. 이는 정말 놀라운 결과라 할 수 있다. 몸이 이러한 상태를 꾸준히 유지한다면 평생 건강한 혈관으로 살 수 있다.

눈에 띄는 또 한 가지는 체온의 상승이다. 산화질소를 섭취함으로써 전반적으로 몸이 따뜻해져 체온이 평균 1℃ 이상 높아졌다. 전작(《암, 고혈압, 당뇨 잡는 체온 1도》)에서 밝혔듯이 체온 1℃는 생사를 가르는 온도다. 암, 당뇨는 물론이고 현대인이 앓는 질환은 대부분 저체온에서 온다. 체온이 낮아지면 체내 효소가 제대로 기능을 하지 못하여 신진대사가 나빠지고 체액이 산성화되기 때문이다.

초음파 사진에서 확인할 수 있듯이 고혈압과 저체온, 인체 산성화라는 세 가지 문제를 한꺼번에 해결할 수 있는 것이 바로 산화질소다. 평생 혈압 걱정 없이 건강하게 살고 싶다면 산화질소 생성에 도움이 되는 음식으로 골라 먹고 유산소 운동을 꾸준히 해야 하겠다.

체내 산화질소량 테스트

다음의 막대 바는 체내에 산화질소가 어느 정도 있는지를 색깔로 보여준다. 색이 진할수록 몸속에 산화질소가 많음을, 연할수록 부족함을 나타낸다. 테스트 바 끝에 타액을 묻혀 1분 정도가 지난 후 확인하면 된다.(실제 테스트 바는 핑크색이다)

산화질소 테스트 표

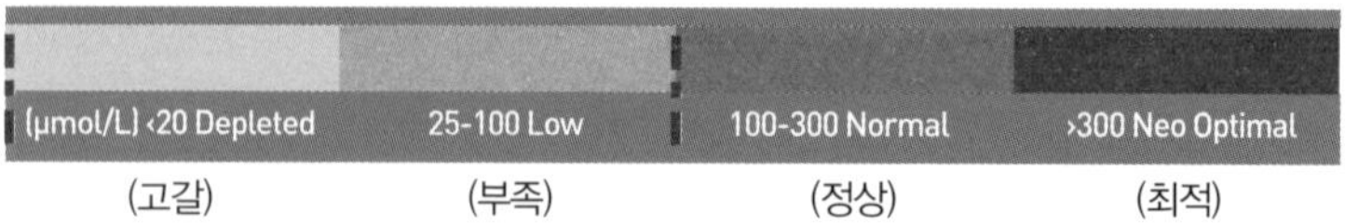

(μmol/L) <20 Depleted	25-100 Low	100-300 Normal	>300 Neo Optimal
(고갈)	(부족)	(정상)	(최적)

환자들에게 실제 테스트를 해본 결과를 통해 체내 산화질소의 양과 건강상태의 관계를 확인해볼 수 있었다. 건강한 상태의 사람은 진한 핑크색에 가까운 테스트 결과가 나온 반면에 고혈압, 당뇨, 뇌경색 등을 앓고 있는 환자의 경우는 옅은 핑크색을 띠었다. 그보다 더 심각한 질환인 림프암, 폐암, 유방암 등을 앓고 있는 환자들의 경우에는 앞의 환자들보다 색깔이 현저하게 옅어지는 것을 확인할 수 있었다. 거의 흰색에 가까운 테스트지 결과가 나온 것이다.

산화질소 부족 임상 사례

질환	이름	성별/나이	NO측정결과
1 건강상태	정○○	여/29	
	박○○	여/45	
	정○○	남/27	
2 신부전	이○○	여/73	
3 고혈압	안○○	여/52	
4 당뇨	박○○	남/72	
5 뇌경색	송○○	남/73	
6 부정맥(고혈압)	송○○	남/66	
7 수신증(하지순환장애)	박○○	여/47	
8 알코올성 간질환	최○○	남/67	
9 림프암	김○○	남/62	
10 폐암	윤○○	남/82	
11 간암	정○○	여/47	
12 유방암	임○○	여/68	

▶ 산성화된 몸이 혈압을 올린다 ◀

건강한 사람의 혈액은 pH 7.4 전후의 약알칼리성을 띤다. 이럴 때 신체 기능이 원활하고 신진대사도 좋으며 면역력도 최적으로 발휘된다. 체온이 36.5℃를 유지하고 혈액이 맑으면 우리 몸은 타고난 약알칼리 상태를 무리 없이 유지한다. 그런데 생활이 무절제하고 식습관이 좋지 않으면 체온이 저하되고 혈액이 탁해져 몸이 산성화되기 쉽다.

인체가 산성화된다는 것은 부스럼이나 종기가 쉽게 생기고, 부패하고, 딱딱해지고, 피곤을 잘 느끼며 노화되어간다는 뜻이다. 인체가 산성화되면 혈액 내에 산소가 부족해지기 때문에 이런 일이 일어나는 것이다. 혈액이 산성화되면 원래 혈액 속에 녹아 있던 산성 영양소가 혈관벽에 쌓인다. 그러면 혈액이 통과할 수 있는 공간이 좁아져 각 장부에 공급되는 혈액량이 적어진다. 그뿐 아니라 적혈구가 산소를 용해하는 능력도 떨어지기 때문에 몸속 세포에 공급되는 산소량은 더욱 부족해진다. 이는 각 장부의 기능을 떨어뜨리는 원인이 되며, 특히 폐에서 이산화탄소를 처리하는 능력이 떨어져 혈액의 산성화가 가속화된다.

또한 음식을 소화시키는 속도가 느려져서, 소화 흡수가 안 된 음식들이 체내에 쌓여 독소나 노폐물을 많이 만들게 된다. 체내에 노폐물이 많아지면 몸에 나쁜 균들도 많이 생겨난다. 그리고 유해균이 많이 생기면 몸의 산성화가 더욱 심화된다. 이런 악순환이 되풀이되면 결과적으로 불필요하게 체중이 증가하고, 항상 피로한 상태가 된다.

산성화가 되면 인체가 필요로 하는 에너지가 제대로 생산되지 못하고, 적절하게 사용되지도 못하니 당연히 면역기능이 저하된다. 뼈에서는 칼슘을 빨리 소모시키고, 심장이나 근육에서는 마그네슘을 많이 소모시킨다. 산성화가 진행될수록 심장·뼈·근육·혈관에 나쁜 영향을 주게 되고, 결국에는 고혈압·당뇨·심장

마비·뇌졸중·치매와 같은 질병을 일으키게 된다. 또한 피로감이 심하여 운동하는 것도 싫어하게 되고 커피, 알코올, 당분 등의 자극적이고 산성이 강한 음식들만 찾게 된다.

산성 식품은 우리 몸에 흡수되어 황산이나 인, 인산, 염산 등을 만들어내는 식품을 말한다. 햄버거나 피자 등 인스턴트식품이 대표적인 산성 식품이며 커피, 콜라, 탄산음료도 산성화를 촉진한다. 또한 곡류, 백미, 육류, 육가공품도 산성 식품이다. 산성 식품이라 해서 무조건 식단에서 몰아내야 한다는 얘기가 아니다. 그 식품에서 얻을 수 있는 영양 성분도 중요하기 때문에 영양의 균형을 위해서는 먹어야 한다. 그렇지만 현대인의 식단은 지나치게 산성 식품 위주로 되어 있기 때문에 우리가 생각하는 것보다 훨씬 더 줄이는 것이 옳다.

산성화와 반대로, 인체가 알칼리화된다는 것은 신선하고 건강하고 젊어진다는 것을 의미한다. 아기 피부를 보면 투명하고 탱탱하여 건강함이 그대로 느껴지는데, 날 때부터의 약알칼리 상태를 유지하고 있기 때문이다. 나이를 먹으면서 노화가 진행되는 것은 당연하고도 자연스러운 일이지만, 그 속도는 충분히 늦출 수 있다. 산성화를 부추기는 환경을 멀리하고 몸의 알칼리화에 도움이 되는 식품을 충분히 섭취하면 된다.

▶ 산성 식품과 알칼리성 식품

알칼리성 식품은 칼륨, 마그네슘, 칼슘 등 알칼리성 원소들이 많이 들어 있어 우리 몸에 흡수되어 혈액을 알칼리로 만들어주는 식품을 말한다. 채소와 과일이 대표적이며 다시마 등의 해조류, 씨앗과 견과류, 콩류, 감자, 고구마 등이 알칼리성 식품이다. 입맛의 서구화로 식단에서 부족하기 쉬우므로 신경 써서 챙겨 먹어야 한다.

산성이 된 혈액을 알칼리성으로 바꾸려면 20배 이상의 알칼리성 혈액이 공급되어야 한다. 일단 인체가 산성이 되면 알칼리성으로 되돌리기가 그만큼 어렵다는 얘기다. 그러므로 평소에 산성 식품보다 알칼리성 식품을 더 많이 섭취하고, 체온 관리를 잘 해야 한다.

내 몸 산성화 체크리스트

현대인의 잘못된 식습관이 pH 불균형 상태를 유발한다. 식습관을 개선하여 산성 식품을 줄이고 알칼리성 식품을 풍부히 섭취한다면, 우리 몸은 알칼리성으로 회복될 수 있다. 그러면 혈액도 맑아지고, 혈관도 건강해져서 건강을 유지할 수 있게 된다.

다음의 체크리스트에 따라 자신의 식습관과 생활습관을 검토해보자.

- ☐ 과일, 특히 당분이 강한 과일 또는 과일음료를 과다하게 섭취한다.
- ☐ 술 또는 강장제, 양약을 상복한다.
- ☐ 빵, 파스타, 감자, 구운 식품 등 단순 탄수화물을 즐겨 먹는다.
- ☐ 담배 또는 기타 흡연 제품을 애용한다.
- ☐ 닭고기, 돼지고기, 쇠고기 등 육류를 선호한다.
- ☐ 달걀 또는 유제품을 선호한다.
- ☐ 커피 또는 홍차를 상용한다.
- ☐ 가공식품 또는 패스트푸드를 선호한다.
- ☐ 설탕 및 당류를 선호한다.
- ☐ 탄산음료, 스포츠음료 등 시중 음료수를 선호한다.

□ 평소에 규칙적인 운동(일주일에 3일 이상)을 하지 않는다.

이상 11개의 문항에서 4개 이상에 해당된다면 이미 체질이 산성화되었을 가능성이 높다.

이에 따라 비만뿐 아니라 고혈압, 심장질환, 당뇨, 뇌졸중, 특정 암과 치매 등 건강상의 문제가 생길 가능성이 높으므로 지금부터라도 적극적으로 습관을 개선해야 한다. 생활습관이 개선되면 몸이 산성에서 알칼리성으로 바뀌어 건강을 되찾을 수 있다.

소변의 산도와 건강 상태

소변의 이상적인 산도는 약알칼리 상태인 pH 7.2로 본다. 그런데 실제 병원을 찾는 고혈압과 당뇨 환자들의 소변검사 결과를 보면 pH 7 이하로 산성이 대부분이다.

다음에서 보듯이 많은 이들이 pH 6을 기록하고 있으며, 심한 경우에는 pH 5까지도 보이고 있다. 산성화된 인체를 알칼리성으로 되돌리기 위한 노력이 시급한 상태로 진단된다.

	성명	환자정보			검사일자	pH	기타 소견
		성별	생년	C/C			
1	이○○	남	1954	고혈압	2015-07-12	6	혈뇨, 단백뇨 동반
2	정○○	여	1965	고혈압	2015-07-14	6	하지부종
3	안○○	여	1963	고혈압	2015-07-17	6.5	갱년기 증상 동반
4	권○○	남	1958	당뇨	2015-07-07	5	말초신경병증 심함
5	임○○	여	1949	당뇨	2015-07-10	6	열격, 반위증세
6	정○○	여	1968	폐암	2015-07-13	6	췌장암에서 전이
7	유○○	여	1955	갑상선암	2015-07-13	6	갑상선 전절제 수술
8	이○○	여	1943	신장양성 종양	2015-05-04	6	혈뇨, 단백뇨, 아질산염
9	이○○	여	1942	협심증	2015-07-11	5	관상동맥 스텐트 시술
10	김○○	여	1961	위장장애	2015-07-13	5	항생제 복용 후 점액변

건강하려면 수소수, 알칼리수를 마셔라

알칼리성 식품을 섭취하는 것 만큼이나 중요한 습관이 있다. 바로 물을 잘 마시는 것이다. 그냥 물이 아니다. 알칼리수를 충분히 마시는 것이 산성화된 혈액을 바꾸는 데 도움이 된다. 우리 몸의 70%는 물로 이루어져 있다. 장부별로 보면 근육과 심장의 75%, 뇌와 신장의 83%, 폐의 86%, 눈의 95%가 물이다. 심지어 뼈도 22%는 물이다. 무엇보다도 중요한 점은 혈액의 90%가 물이라는 것이다. 그러니 '물은 곧 몸'이라고 할 수 있다.

어떤 물을 마셔야 하나?

물은 마신 지 30초 만에 혈액에, 1분 후에는 뇌 조직에, 간과 심장, 신장에는 20분 내에 도착하고, 30분이 지나면 신체 모든 곳에 도착해 영향을 미친다. 그러니 진정으로 건강을 생각한다면 물부터 잘 챙겨야 한다.

좋은 물은 첫째, 알칼리수를 말한다. 몸이 산성화되는 것을 막아주는 지름길이 알칼리수를 마시는 것이다. 알칼리수를 마시면 산과 노폐물을 씻어주므로 몸을 알칼리 상태로 유지하는 데 도움이 된다. 알칼리수를 공급해 몸을 중화시키고 조직에서 산을 제거해주면 몸은 다른 곳에서 알칼리 성분을 끌어다 쓸 필요가 없다.

산성수에는 납, 카드뮴, 수은과 같은 독성의 금속 이온이 포함되어 있을 수 있으며 그 양이 지나칠 경우 건강에 큰 해를 끼친다. 반면 알칼리수에는 칼슘, 마그네슘, 칼륨과 같은 알칼리성 광물질이 몸이 흡수할 수 있는 이온 상태로 가득 차 있다. 또한 알칼리수가 풍부한 환경에서는 유해 미생물이 번식할 수 없다.

그런 알칼리수를 어떻게 구할 수 있을까? 일반 물을 알칼리성으로 만드는 간단한 방법이 있다. 물 1리터당 2% 아염소산나트륨 16방울을 넣거나 중탄산나트륨(베이킹소다) 또는 규산나트륨 2~3스푼을 넣는 것이다. 규산나트륨이나 아염소산나트륨은 자연 식품점에 가면 구할 수 있다.

좋은 물, 두 번째는 수소가 풍부한 물이다. 수소를 듬뿍 함유한 물, 즉 수소 풍부수를 마시면 병을 예방하고 고칠 수 있다. 수소(H)는 산소(O)와 쉽게 결합하므로 수소가 풍부히 함유된 물을 마시면 몸속 활성산소를 무해한 물(H_2O)로 바꿀 수 있다. 최근에는 활성산소가 인체의 신진대사를 떨어뜨리므로 만병의 근원이라는 사실이 밝혀졌다.

신진대사라는 말은 묵은 것이 없어지고, 대신 새것이 생기거나 들어선다는 말이다. 즉 우리 몸을 구성하고 있는 각각의 세포는 한순간도 쉬지 않고 새롭게 다시 태어나고 있는 것이다. 모든 세포에는 선천적으로 신진대사 기능이 갖춰져 있다. 신진대사 시 정상적이고 건강한 세포 생성을 방해하는 것이 활성산소다. 바꿔 말하면 신진대사의 원래 정상 기능을 해치는 활성산소만 없앤다면 모든 세포는 순차적으로 정상세포로 교체되는 것이다.

얼마나 많은 물을 마셔야 하나?

특별한 이유 없이 짜증이 나거나, 쉽게 피곤하고, 나른하고 원기가 부족하며, 머리가 무겁고, 수면 장애가 있으며(특히 노인), 오래 집중하기 힘들고, 건강에 이상이 없음에도 숨이 가쁘다면 몸이 탈수 상태에 있다는 뜻이다. 더 심할 경우 위장이나 관절 부위에 통증을 느끼게 되는데, 이는 몸속에 물이 정말 많이 부족하다는 신호다.

미국 코네티컷대학교 실험실의 연구 결과에 따르면 체내 수분이 1.5% 부족한 '경미한 수분 부족'으로도 두통, 피로, 집중력 장애, 기억력 저하 등이 나타났다. 그러니 만약 갈증이 날 때만 물을 마신다면 충분히 마시고 있지 않은 것이며, 몸이 이미 고통을 겪기 시작한 후라 할 수 있다. 갈증을 느낀다는 건 이미 가벼운 탈수 상태에 있다는 걸 의미한다. 소변의 색깔로 탈수 정도를 알아볼 수 있는데, 무색이면 물을 충분히 마시고 있는 것이고, 노란색이면 부분 탈수 상태이며, 주황색이면 완전히 탈수된 상태다.

몸은 매일 정상적인 활동(호흡, 수면, 움직임)을 통해서만 2~3리터의 물을 소진하기 때문에 반드시 이를 보충해주어야 한다. 나아가 촉촉한 상태가 될 정도로 충분히 공급해주어야 한다. 매일 마셔야 하는 물의 적절한 양은 체중 18kg당 약 1리터다. 체중이 72kg인 사람이라면 4~5리터가 필요하고 95kg인 사람은 하루 5~6리터 가량의 물이 필요하다. 운동을 할 때는 특히 땀으로 배출되는 수분이 많으므로 물을 충분히 마셔주어야 한다. 운동 전에 240cc, 운동 중 15분마다 120cc, 운동을 마친 후 30분이 경과한 시점에 또 240cc의 물 마시기를 습관화한다.

이처럼 알칼리수를 충분히 마셔주면 체액이 알칼리화되어 몸이 젊음을 회복한다. 대사 과정에서 만들어지는 노폐물도 빠르게 배출되므로, 혈액의 흐름이 원활해지고 혈전이 생길 염려가 줄어든다. 혈관 청소부 혹은 '기적의 분자'라고도 일컬어지는 산화질소가 잘 만들어지므로 혈압도 잘 관리된다.

언제 마셔야 하나?

의학박사 F. 뱃맨겔리지는 《물, 치료의 핵심이다》에서 현대인은 만성 탈수 상태로 살아가고 있다고 지적했다. 그는 물을 언제 마셔야 하는가에 대해 다음과 같이 제시했다.

- 물은 식사 전에 마셔야 한다. 가장 적절한 시간은 음식을 먹기 30분 전이다. 이로 인해 소화관이 준비를 갖추게 된다.
- 목이 마를 때는 언제든, 심지어 식사 중에도 물을 마셔야 한다.
- 식후 2시간 30분이 지난 뒤, 소화 과정에서 음식물을 분해하느라 야기된 탈수를 바로잡기 위해 물을 마셔야 한다.
- 긴 수면 중에 생긴 탈수를 바로잡기 위해 아침에 일어나면 제일 먼저 물부터 마셔야 한다.
- 운동하기에 앞서 물을 마심으로써 땀의 배출을 돕는다.
- 변비가 있거나 과일과 야채를 충분히 먹지 않는 경우에는 반드시 물을 충분히 마셔야 한다.

즉, 몸이 탈수를 호소하기 전이라도 수시로 마셔야 한다는 뜻이다. 특히 나이가 들수록 갈증에 대한 감각이 무뎌지기 쉬우므로, 목이 마른가를 기준으로 물을 마셔서는 몸의 물 부족을 해소할 수 없다.

단, 커피나 차 등 카페인 음료와 알코올에는 이뇨 작용이 있어서 도리어 탈수 증상을 유발한다. 또한 차가운 물은 몸을 차게 하므로 체온이 저하되어 혈액의 흐름에 지장을 줄 수 있다. 따뜻한 물이나 미지근한 물을 페트병이나 물통에 넣어서 항상 가지고 다니며 조금씩 섭취하는 것이 가장 좋다. 몸이 차가운 사람은 생강차나 계피차도 도움이 된다.

좋은 물은 어떤 물일까?

광천수(미네랄워터)

- 칼슘, 마그네슘, 칼륨 등이 미량 함유된 물
- 고급 광천수는 실리카, 셀렌 등도 함유

이온수(전해수)

- 일반 물에 전기적 힘을 가해 얻어지는 물
- 산성 이온수(+극): 피부 수축 미용 효과, 살균 효과
- 알칼리 이온수(−극): 설사나 변비 개선, 위장 기능 개선

해양심층수

- 태양광이 닿지 않는 해저 200m 이상의 물
- 지상에서 들어오는 병원균/유해물질이 없다.
- 칼슘, 마그네슘, 칼륨 등이 풍부하다.

탄산수

- 물에 탄산가스를 용해시킨 물
- 탄산이 함유되어 침이 많이 생기므로 소화 효소 분비를 촉진

하고 장 운동에 도움을 준다.

- 변비, 다이어트 용도로 활용

수소수

- 물에 수소가스를 용해시킨 물
- 수소가 함유되어 활성산소를 제거하니 질병 회복, 각종 난치 질환 및 피부 질환 예방, 신진대사 활성화로 젊음을 회복시킨다.
- 산성 체질을 개선하므로 변비, 장 건강에도 활용

▶ 걷는 습관이 혈관을 살린다 ◀

혈관은 생명의 도로이자 건강의 도로이다. 혈관이 막히거나 혈액에 문제가 생기면 고혈압, 당뇨, 동맥경화증, 심근경색, 뇌경색, 고지혈증, 암 등 다양한 질병이 발생한다. 혈액은 전신의 혈관을 순환하면서 산소와 중요한 영양소를 운반하고 세포의 노폐물을 제거한다. 그러므로 심혈관계는 인체에서 가장 중요한 생명 유지 시스템이라 할 수 있다. 혈관과 혈액이 건강하지 않고는 인체가 건강할 수 없다.

혈액에 가장 큰 문제를 일으키는 것은 혈전으로, 한의학에서는 어혈이라고 표현한다. 예전부터 한의학에서는 '만병일독(萬炳一毒)'이라고 하여 모든 병은 한 가지에서 온다고 보았다. 특히, 나쁜 혈액(어혈)이 모든 질병의 원인이므로 혈액을 잘 관리해야 한다고 생각했다.

특히 우리 몸의 펌프이자 엔진인 심장을 튼튼하게 하려면 먼저 혈관을 깨끗하고 튼튼하게 관리해야 한다. 고혈압, 당뇨를 비롯한 심혈관질환에서 가장 중요한 것이 바로 혈관 관리다. 두 발로 서서 생활하는 인간에게는 하체의 혈관을 강화하는 것이 정말 중요하다. 우리 몸의 혈액은 최종적으로 심장으로 돌아가야 하는데, 하체에 다다른 혈액이 심장으로 가려면 중력을 거슬러야 하므로 심장으로 혈액이 다시 복귀하는 데 부담이 있다.

제2의 심장, 종아리

심장에서 나온 혈액은 전신을 돌아 정맥을 타고 다시 심장으로 되돌아간다. 그러나 심장에서는 혈액을 내보내는 힘은 잘 작동되지만 혈액을 심장으로 다시 회수하는 데까지는 많은 어려움이 있다. 심장이 수축할 때의 힘은 혈액을 내뿜는 데 쓰이고,

혈액을 회수하는 데에는 심장이 이완될 때의 압력 차가 활용될 뿐이다.

그런데 우리 몸 전체 혈액의 70%는 하체에서 작용한다. 이것이 심장으로 되돌아가지 못하고 하체에 계속 쌓인다면 우리는 생명을 유지할 수 없게 된다. 바로 이러한 필요 때문에 인간에게는 종아리가 발달되어 있다. 지구상에는 수많은 동물이 있지만 종아리가 많이 발달한 동물은 우리 인간뿐이다. 개나 고양이, 원숭이도 종아리가 거의 없는데 그 동물들은 모두 네 다리로 걷기 때문이다.

종아리는 정강이 뒤쪽에 있는 불룩한 부분이다. 비복근, 넙치근 등 다리와 발가락을 움직이기 위한 근육들이 여기에 모여 있다. 이 근육들이 활발하게 수축해야 하체의 혈액을 심장 쪽으로 꾸준히 밀어 올릴 수 있다. 그래서 발과 발뒤꿈치, 종아리를 제2의 심장이라고도 한다. '인체 상부의 혈액순환은 심장의 근육이 맡아서 하고, 하체의 혈액순환은 종아리 주변의 근육이 맡는다'고 할 만큼 혈액순환에서 중요한 역할을 담당한다.

종아리를 강화하는 밀킹 액션

혈액순환을 위해서 하지 운동이나 걷기를 적극 추천하는 이유도 여기에 있다. 특히 밀킹 액션은 혈액순환을 원활하게 해주는 좋은 방법이다. 걸을 때 종아리 근육을 잘 관찰해보면 부풀었다 가늘었다 하는 것을 볼 수 있다. 종아리를 돌고 있는 혈관의 주변 근육이 수축과 이완을 반복하며 마치 우유를 짜는 것처럼 보이는데, 그래서 이를 밀킹 액션이라 한다. 매일 규칙적으로 걸으면 밀킹 액션이 더욱더 활성화된다.

정맥 안에는 혈액의 역류를 막기 위하여 약 5cm 간격으로 판막이 처져 있다. 그 판막을 통과해서 혈액이 심장으로 올라가려면 혈액을 강력하게 밀어 올리는 힘이 필요하다. 근육이 수축하면 그 힘으로 혈액이 중력을 거슬러 위로 올라가는데, 이때는 판막이 열린다. 그러다가 근육이 이완하면 판막이 닫혀 혈액이 역류하는 걸 막는다.

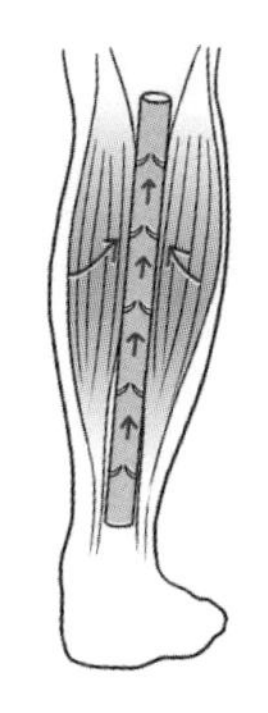

▶ 종아리 근육 운동이 혈액 순환에 도움이 된다

그런데 어떤 이유로 이 판막의 기능이 약해지면 혈액이 역류하여 그곳에 혈액이 모이게 된다. 그 부분의 혈관이 확장되어 겉에서 보기에도 불룩 튀어나온다. 흔히 '종아리 힘줄이 튀어 나왔다'고 말하는데, 이것이 바로 하지정맥류다. 하지정맥류를 미용상으로 보기 싫기 때문에 문제라고 생각하는 사람이 많지만, 그렇게 단순한 문제가 아니다. 혈액이 제때 흘러가지 못하고 정체되면 노폐물도 그 안에 쌓이게 된다. 이런 물질들이 점차 엉기거나 굳으면 혈전이나 어혈이 된다. 혈전과 어혈이 혈관 어느 부분을 막아버리면 폐색전증 등 다양한 질병을 일으킬 수 있다.

1시간에 한 번은 몸을 움직이자

현대인은 많은 일을 하지만 몸을 써서 하는 일은 현저히 적어졌다. 대부분 일을 컴퓨터로 하기에 일상적인 움직임조차 그리 많지 않다. 인체는 수시로 움직여야 혈액이 잘 돌고 건강이 유지되며, 같은 자세로 멈춰 있으면 혈액순환도 지장을 받는다. 예를 들어 서 있을 때는 다리에서 혈액이 1초 동안 약 12cm를 흘러간다. 그런데 앉아 있으면 1초 동안 5cm로 절반 이하로 떨어지고, 30분간 계속 앉아 있으면 1초 동안 2.5cm로 더 떨어진다.

앉은 자세에서는 종아리 근육이 수축하기 어렵기 때문에 혈액을 심장으로 돌려보내는 펌프 작용이 악화된다. 그래서 혈액이 정체되고 흐름이 느려지는 것이다. 이때 종아리를 가볍게 주물러주기만 해도 혈액의 흐름이 훨씬 빨라지는 것을 확인할 수 있다. 따라서 혈전이 발생하지 않도록 앉은 자세에서도 종아리를 자주 두드리거나 주물러서 자극을 주어야 한다.

다리가 잘 붓는 사람은 혈전이 잘 생기는 체질이라고 할 수 있다. 평소에 혈전이 의심되거나 피가 탁한 사람들은 꾸준하게 걷는 습관도 중요하지만 앉아서 일하는 시간을 줄이기 위해 노력해야 한다. 만약 앉아 있는 시간을 줄일 수 없다면, 최소한 1시간에 한 번은 자리에서 일어나야 한다. 일어서서 발목이나 종아리, 발가락 운동을 해주는 것이 혈전을 막는 방법이다. 까치발 서기, 발목 펌프를 하면 종아리 근육이 활성화되므로 이 방법도 적극 추천한다.

▶ 햇볕을 쬐면 혈압이 내려간다 ◀

혈압은 여름보다 겨울에 더 높아진다. 또, 적도 지방의 사람들보다 고위도 지방으로 갈수록 사람들의 평균 혈압이 높게 측정된다. 기온이 낮아 혈관이 수축되기 때문이다. 혈압 문제에서만이 아니라 질병으로 인한 사망률을 보면 여름보다 겨울이 높다. 예컨대 추운 겨울에는 가벼운 감기도 폐렴으로 발전하기 쉽다. 심근경색, 뇌졸중의 발병 확률도 여름보다 겨울에 훨씬 높고, 당뇨병이나 각종 암으로 인한 사망자도 겨울에 훨씬 많다.

우리가 겪는 다양한 혈관계 질환은 다른 어떤 것보다 체온을 높임으로써 기대 이상의 효과를 볼 수 있다. 체온이 올라가면 세포의 분자 활동성이 높아져서 혈액이 활발하게 움직인다. 이에 따라 피가 맑아지고 혈전이나 어혈이 풀려 신진대사가 원활해진다. 원활한 신진대사는 다시금 체온을 상승시키는 작용을 한다. 이런 선순환을 통해 면역력이 높아져 자연치유력이 강화되는 것이다.

이와 같은 선순환을 지속하여 자연치유력을 높이면, 혈압도 자신의 몸에 적절한 수준으로 유지된다. 나아가 한국인 사망 원인 1위인 암을 비롯하여 당뇨, 뇌졸중 같은 큰 병들도 거뜬히 이겨낼 수 있다. 체온이 상승함과 함께 혈액순환이 잘되어 산소와 영양분이 몸 곳곳에 충분히 공급되므로 각 기관이 기능을 충분히 발휘하게 되기 때문이다. 그뿐 아니라 대사 산물인 노폐물도 빠르게 배출되어 맑고 건강한 피를 유지할 수 있다. 또한 면역력이 높아지면 외부 침입자에 맞서는 힘도 강해진다.

그야말로 몸을 따뜻하게 하는 것은 백 가지 병으로부터 멀어지는 가장 효과적인 방법이다. 몸을 따뜻하게 하는 데는 수많은 방법이 있는데, 어떤 것이든 체온을 높일 수만 있다면 모두 좋다. 햇볕 쬐기도 그중 한 방법이다.

고혈압과 햇볕의 상관관계에 대해 영국 사우스햄턴대학교에서 실험을 한 적이 있다. 24명의 건강한 사람을 선발하여 30분간 햇볕을 쬐게 하고, 대조군은 햇볕이 아니라 그저 밝은 빛에 노출시켰다. 두 그룹을 비교한 결과 햇볕에 노출된 사람들의 평균 혈압이 대조군에 비해 낮았다. 이는 햇볕이 혈압을 낮춘다는 사실을 보여주는 증거다. 실험이 끝난 후에도 혈압 강하 효과는 20분간 지속되었다.

햇볕 쬐기는 체온을 높임으로써 얻는 이득만이 아니라 그 외에도 여러 좋은 점이 있다. 자외선의 살균 효과에 대해서는 아마 기본적으로 알고 있을 것이다. 옛날 어머니들은 볕 좋은 날이면 된장이나 고추장 항아리의 뚜껑을 열어 햇볕을 쪼였다. 나쁜 균이 번식하는 걸 막는 선조들의 지혜였다. 가을·겨울이 되면 우울증 환자가 부쩍 늘어나는데 이는 일조량이 부족해서이기도 하다. 봄이 되어 햇볕을 듬뿍 쬐면 우울증이 나아지는 것도 이 때문이다. 또 햇볕은 피부에서 비타민 D를 합성시켜주며, 호르몬의 변화 때문에 발생하는 여성의 월경전증후군을 완화해준다. 뇌의 해마를 활성화시키고 뇌세포의 성장에 도움을 주어 알츠하이머를 예방해주는 역할도 한다. 무한한 에너지의 보고인 태양은 이처럼 우리에게 많은 이점을 가져다준다.

하루 중 햇볕을 쬐기에 가장 좋은 시간은 점심때로 30분에서

1시간 정도 느긋하게 산책하는 습관을 들이기를 권한다. 물론 볕이 강한 여름에는 한낮을 피해야 한다. 햇볕 쬐기에 버금가는 체온 상승 방법으로는 반신욕이나 족욕이 있다.

체온을 높이는 습관이 피를 맑게 한다

저녁 잠자리에 들기 전에 반신욕이나 족욕을 하면 체온이 상승하고 땀이 나면서 노폐물이 원활히 배출된다. 그러면 피가 맑아지고 긴장을 이완시키는 효과까지 더해져 혈압이 안정을 찾는다. 그 상태로 잠을 청하면 숙면을 취하게 되어 자는 동안 체력이 회복되는 데 크게 도움이 된다.

나도 거의 매일 반신욕을 하고 있고, 진료실에서 만나는 거의 모든 환자들에게 매일 반신욕이나 족욕을 하도록 권장한다. 특히 혈압이 높아 걱정하는 분들이나 당뇨, 심혈관질환을 가진 사람들은 필수적으로 하게 한다. 내 말을 듣고 그대로 실천해본 분들은 대부분 며칠 만에 몸에 가뿐해짐을 느꼈다고 말하곤 한다.

건강한 몸은 머리는 차고 발은 따뜻한 상태다. 그런데 현대인은 이와 반대인 사람이 무척 많다. 즉 머리(상반신)는 열하고, 발(하반신)은 냉하다. 인체에서 가장 찬 곳이 하체이고 하체 중에서도 발이며, 상체에 비해 5~6℃가량 낮은 사람이 흔하다. 하체가 차니 심장에서 나간 혈액이 심장으로 돌아오는 데 지장을 받을 수밖에 없다. 그래서 인체가 혈액이 잘 돌아오도록 하기 위해 혈압을 높이는 것이다.

또한 발은 인체에서 가장 혹사당하는 곳이다. 온종일 체중을 전부 싣고 돌아다녀야 한다. 그 와중에 혈액을 심장으로 올려 보내는 펌프 역할도 해야 하니 얼마나 힘들겠는가. 이제부터라도 발의 고마움을 생각해 날마다 극진히 보살펴주자. 발은 제2의 심장이라 했으니 발의 피로를 푸는 일은 심장을 돕는 일이다. 발이 따뜻해져서 이 부위에 있는 혈관이 튼튼해지면 심장으로 피를 돌려보내는 정맥도 무리 없이 자기 일을 할 수 있게 된다. 그러면 혈전이나 어혈 때문에 하지정맥류나 혈관 막힘으로 고생할 일이 없다. 발의 피로를 풀려면 낮에 활동하는 동안은 수시로 주물러주고, 밤에 귀가해서는 반신욕이나 족욕을 하는 것이 좋다.

반신욕은 명치 아래까지 하반신을 따뜻한 물에 담그는 것을 말한다. 38~40℃ 정도의 따뜻한 물이 적당하다. 좀 더 뜨거운 것이 좋다는 사람은 온도를 더 높여도 되지만, 혈압이 높거나 심장병 환자는 42℃ 이상의 고온은 피하는 것이 좋다. 혈액순환이 갑자기 활발해져서 심장과 혈관에 무리를 줄 수 있기 때문이다.

반신욕은 자기 전에 20~30분 정도의 시간으로 하는 것이 가장 좋다. 사정에 따라 오전이든 오후든 관계는 없으나 잠들기 전에 하는 것이 피로도 풀리고 수면에도 도움이 되니 가장 좋다. 이 시간은 하루 일과를 모든 마친 때이므로 긴장이 충분히 이완되어 부교감신경이 활성화되기에 더욱 좋다. 부교감신경이 자극되면 인체는 휴식 모드로 전환하므로 혈관이 확장되고 혈압이 내려간다.

오전에 시간적 여유가 있고 하루를 건강하게 시작하고자 하는 사람은 오전에 하는 것도 좋다. 혈압이 잘 떨어지지 않거나 몸이 지나치게 차거나 다리가 저리고 쥐가 잘 나는 경우에는 반신욕을 오전과 오후 두 번 해도 좋다.

반신욕을 하기 전에는 물을 충분히 마셔둔다. 그러면 체온이 상승하여 땀이 많이 나도 혈액이 탁해지지 않으며, 갈증이 덜하고 체력의 소모가 적어서 반신욕 효과가 더 좋아진다. 반신욕을 하기 전에 생강차나 계피차를 마시고 해도 좋다. 반신욕을 할 때는 콧등이나 이마에 땀이 조금이라도 나올 때까지 하는 것이 좋다.

반신욕으로 효과가 더 좋은 사람은 몸이 냉하고, 특히 하복이나 하체가 냉하거나 저리거나 붓는 사람들이다. 여성이 남성에 비하여 이런 분들이 많다. 수족냉증과 하복냉증으로 변비, 생리통, 복부비만, 붓거나 저리는 등의 증상 때문에 고생을 많이 하는데, 이런 여성들일수록 반신욕을 꼭 해야 한다. 한 번의 반신욕으로 300~400kcal가 소비되니 60~90분의 걷는 효과도 얻을 수 있다. 반신욕으로 기초 대사율이 높아짐과 함께 식욕이 억제되고 피하지방 대사가 활성화되니 몸매도 탄력 있고 날씬해진다. 이처럼 건강과 아름다움을 함께 얻을 수 있는 방법이므로 생활화하면 좋을 것이다.

반신욕을 하고 난 후 두통이나 어지럼증, 메스꺼움을 호소하는 사람들도 간혹 있다. 또 얼굴이나 목, 등, 가슴에 좁쌀 만한 발진이 생기거나 여드름이 심해지는 사람, 두드러기가 나거나 코피가 나거나 심하게 피로를 느끼는 사람들도 있다. 이런 증상들을 명현 현상이라고 하는데, 혈액이 맑아지는 과정에서 몸속의 나쁜 것들이 배출되면서 발생하는 좋은 현상이다. 즉 몸이 좋아지고 있음을 알리는 현상이라고 보면 된다. 평상시 별로 체력 소모가 없던 사람들이 반신욕을 하면 칼로리 소모가 늘어나면서 이런 명현 현상이 생기기도 한다. 명현 증상이 심한 경우, 충분히 안정을 취한 후 다시 반신욕을 하면 차차 증세가 사라진다. 간혹 너무 힘들면 시간이나 물의 온도를 조절하면서 자신에게 맞는 온도와 시간을 찾아가는 것이 좋다.

족욕도 반신욕만큼 효과적이다

반신욕은 체온을 상승시키고 땀을 많이 내므로 빈혈이 심하거나 열이 많은 사람, 하반신에 땀이나 열이 많은 사람, 기력이 약한 사람들은 시간과 물의 온도를 조절하면서 하는 것이 좋다. 반신욕 대신 족욕을 해도 같은 효과를 볼 수 있다.

족욕을 하면 제2의 심장인 발이 따뜻해지니 전신의 혈류가 좋아진다. 족욕은 요통이나 무릎 통증에 효과가 있고, 신장의 혈류가 좋아지고 배뇨가 촉진되니 하지의 붓기를 없애는 데도 효과적이다. 발바닥에는 강압점·실면점·각종 장기의 반응점이 있어서 발이 따뜻하면 머리는 차가워진다. 이러한 몸 상태를 지속적으로 유지하면 초조, 불안, 불면, 어깨결림, 고혈압, 뇌졸중, 심근경색 등의 예방과 개선에 도움이 된다.

족욕을 할 때의 물 온도는 반신욕보다 조금 더 높아도 된다. 43℃ 정도의 물을 세면기나 양동이에 부어 15~30분간 양 발목까지 담그고 있으면 된다. 그러다가 물이 좀 식었다 싶으면 뜨거운 물을 더 부어 43℃를 맞추어준다. 43℃가 너무 뜨겁다고 느껴져서 긴장되고 스트레스를 받는 분들은 41℃ 정도로 해도 된다.

추가적인 효과를 얻으려면 물에 천일염이나 생강 등을 넣는다. 통증이 있는 사람은 천일염 한 움큼을, 발이 냉한 사람은 갈거나 저민 생강 1토막을, 배독 효과를 높이려면 흑설탕을, 아토피성 피부를 가진 사람은 녹차 끓인 물을 넣어서 하면 원하는 효과를 얻을 수 있다.

반신욕이든 족욕이든, 마치고 난 뒤에는 몸이 급격한 체온 변화를 겪지 않도록 주의해야 한다. 반신욕을 하면 땀이 많이 나므로 욕실에서 나오자마자 맥주를 시원하게 마신다는 사람도 있는데 이러면 몸에 냉기를 불러들이게 된다. 선풍기나 에어컨 바람을 직접 쐬지 않고 몸이 자연스럽게 체온을 낮추도록 기다리는 것이 좋다. 족욕을 하고 난 뒤에도 물기를 닦고 수건으로 감싸거나 양말을 신어서 데워진 발이 급격히 차가워지지 않도록 한다.

활성산소를 없애주는 소금 목욕

활성산소는 우리 몸속을 떠돌며 장부를 공격함으로써 갖가지 질병을 일으킨다. 기미와 잔주름 등 노화의 주범이자 만병의 근원으로까지 지목되고 있다. 그러한 활성산소를 없애는 데에는 소금 목욕이 효과가 좋다.

구체적인 사례를 일본 의사인 사토 미노루의 통풍 치료를 통해 볼 수 있다. 앞서도 잠깐 언급했듯이 요산은 통풍을 일으키는 원인으로만 여겨져왔으나, 최근 요산이 활성산소를 없애준다는 사실이 밝혀져 새롭게 조명을 받고 있다. 예전에 비해 현대인은 통풍 환자가 급격히 증가했는데, 이는 현대인의 몸속에 활성산소가 많아졌다는 반증이기도 하다.

사토 미노루는 통풍을 앓은 지 10년이 지났지만 어떤 약을 먹어도 낫지 않았다. 그러다가 우연한 기회에 한국산 소금을 접했다. 아침 저녁으로 천일염과 죽염을 2g씩 물에 타서 마시고, 아침 저녁으로 소금 목욕을 15분씩 했다. 그랬더니 2개월 만에 요산 수치가 8.2mg/dl에서 6.6mg/dl로 떨어졌다. 소금 치료를 지속하여 6개월이 지나자 요산 수치가 다시 4.8mg/dl로 떨어졌다. 이는 곧 환원력을 가진 소금이 작용하여 몸속 활성산소를 없애주므로 요산이 그만큼 줄어들었다는 의미다.

같은 기간 총콜레스테롤도 298mg/dl에서 206mg/dl, 중성지방도 492mg/dl에서 120mg/dl으로 둘 다 적정범위 수준으로 떨어졌다고 한다. 활성산소를 없애고 혈액을 맑게 하는 방법으로 소금 목욕을 적극 활용하길 권한다.

청혈주스가 핏속의 독소를 배출한다

만약 손바닥에 가시가 박혔다면 어떻게 할까? 당장 뽑아내지 않을까? 그냥 두면 따끔거리고 그 자리가 곪을 테니 말이다. 그렇다면 핏속에 독소가 있을 때는 어떻게 해야 할까?

핏속 독소는 손바닥의 가시와는 비교도 할 수 없는 엄청난 해를 끼친다. 핏속의 독소는 우리가 먹는 음식과 생활습관 때문에 생겨난다. 산성 음식을 과다하게 먹고 몸을 잘 움직이지 않아, 신진대사 중에 생겨난 노폐물이 미처 다 빠져나가지 못하기 때문이다. 노폐물이 많아져 독소가 많이 생성되면 체내 각 기관은 기능이 저하되고 고장이 나기도 한다. 건강한 몸이라면 면역 체계가 가동되어 거뜬히 물리쳤을 균이나 바이러스를 제대로 처리하지 못하게 되어 병이 생긴다. 가시가 박힌 것과 같이 눈에 보이거나 순간적인 통증을 주진 않지만, 독소는 몸을 서서히 망가뜨린다. 이 상태가 되면 백약이 무효이며, 오직 한 가지 방법밖에 없다. 피를 청소하는 것이다.

노폐물과 독소를 빠르게 배출시켜 피를 맑게 하면 세포에도 영양분과 산소가 충분히 공급되어 장기가 살아난다. 피가 맑아지면 어혈이나 혈전이 만들어지지 않기 때문에 고혈압과 심근경색증, 중풍의 발생을 막을 수 있다.

피를 맑게 해주는 청혈주스 다섯 가지를 소개하고자 한다. 상승 효과를 주는 야채와 과일로 구성되어 있어 산성화된 혈액을 알칼리성으로 되돌려주고, 혈액을 맑게 하여 산화질소가 잘 생성되고 활성산소가 제거되도록 해준다. 체질이나 증상에 맞는 주스를 선택해서 꾸준히 마시도록 하자.

▶ 당근+사과+셀러리 주스

중풍이나 심근경색의 가족력이 있어 예방하고자 하는 사람들에게 좋은 주스다.

당근 2개 400g, 사과 1개 250g, 셀러리 100g을 넣고 갈면 주스 3잔 정도가 나온다. 하루에 두세 번으로 나누어 마신다. 내용물까지 같이 먹으면 식이섬유를 같이 섭취하니 더 좋은데, 내용물을 먹기가 불편하다면 즙을 내어서 마셔도 된다.

당근과 사과를 함께 넣는 것은 이미 검증된 최고의 조합이다. 당근과 사과를 넣으면 체질에 관계없이 누구나가 먹어도 되는 건강 주스가 된다. 맛도 뛰어나고 혈압 정상화와 간 기능 회복, 요산 저하, 강장 등에 도움이 된다. 셀러리에는 몸속의 칼슘, 노폐물 등의 덩어리를 용해하는 유기 나트륨이 많이 들어 있다. 또한 셀러리에 함유된 피라진이라는 성분이 혈액의 응고를 막아 혈전 생성을 예방한다.

▶ 당근+사과+레몬 주스

동맥 내벽을 건강하게 하는 주스다. 당근 2개 400g, 사과 1개 250g, 레몬 1개 60g을 넣고 갈면 주스 3잔이 나오니 하루에 두세 번으로 나누어서 마신다. 레몬은 짜서 넣어도 되는데, 건더기까지 같이 먹으면 더 좋다. 레몬에 있는 비타민 C와 P는 동맥 내벽의 손상을 막고 동맥벽의 유연성을 유지해준다.

▶ **당근+파인애플+오이 주스**

몸에 열이 나고, 잘 붓는 사람에게 좋은 주스다. 당근 2개 400g, 파인애플 300g, 오이 1개 100g를 넣고 갈면 주스 3잔의 분량이 나온다. 하루 두세 번으로 나누어 내용물까지 같이 먹으면 더 좋다. 내용물을 먹기가 불편하다면 즙을 내어서 마셔도 된다.

당근은 몸을 따뜻하게 하고 각종 장기의 기능을 높이는 초건강 채소이고, 파인애플에 들어 있는 브로멜린은 혈액을 응고시키는 단백질인 피브린을 녹인다. 오이는 이뇨 작용을 촉진해 혈액 속의 염분이나 노폐물을 배출하므로 혈액 오염을 개선하여 혈압을 낮춘다.

▶ **당근+셀러리+파슬리 주스**

당근, 셀러리, 파슬리로 만드는 주스다. 고혈압, 콜레스테롤, 중성지방이 있는 사람에게 좋다. 당근 2개 400g, 셀러리 100g, 파슬리 50g을 넣고 갈면 주스 2잔이 나오니 하루에 두 번으로 나누어 내용물까지 같이 먹으면 더 좋다. 내용물을 먹기가 불편하다면 이 역시 즙을 내어서 마셔도 된다. 파슬리에도 셀러리와 같이 피라진이 함유되어 있어 혈전 생성을 막아준다.

▶ **당근+파인애플+양파 주스**

혈전이 걱정되거나 비만한 사람에게 좋은 주스다. 당근 2개 400g, 파인애플 300g, 양파 20g을 넣고 갈면 주스 2잔 반이 나온다. 하루에 두 번으로 나누어 내용물까지 같이 먹으면 더 좋다. 내용물까지 먹기가 불편하다면 즙을 내어서 마셔도 된다.

양파에 들어 있는 황화알릴이 백혈구의 기능을 높이고 혈관을 확장시켜 혈액순환을 개선한다. 파인애플의 브로멜린 성분은 혈액을 응고시켜 혈전을 생성하는 피브린 단백질을 분해한다.

이상의 주스 모두 당근을 주재료로 하고 있다. 그 이유는 당근이 독소 배출 효과가 뛰어나고 몸을 따뜻하게 하며 각종 장기의 기능을 높이는 최고의 채소이기 때문이다. 당근은 성질이 따뜻하여 혈을 보강하는 작용을 하니 냉성 체질과 빈혈이 있는 여성들에게 더욱 좋다. 열이 있는 체질일 경우에는 사과와 함께 복용하면 된다. 당근의 따뜻한 성질을 중화시키므로 체질에 관계없이 먹을 수 있다.

청혈차, 발효쑥차로 몸을 정화한다

나는 한의원에 청혈차(청아차), 발효쑥차를 비롯하여 몇 종류의 차를 마련해두고 수시로 마시며, 손님을 맞을 때도 커피 대신 내놓는다. 밖에서 약속이 있을 때 카페 같은 곳엘 가도 국화차나 허브차 등을 마시는데, 요새는 이런 차 메뉴가 부쩍 많아졌음을 느낀다. 건강에 대한 관심이 높아지면서 나타난 하나의 트렌드로 보인다.

이처럼 차를 마심으로써도 피를 맑게 할 수 있다. 청혈차에 쓰이는 재료는 구하기 쉽고 가격도 저렴하니 집에서 직접 만들어서 수시로 마셔보자. 은은히 전해지는 맛과 향에 힐링이 절로 될 것이다. 청혈차에도 여러 종류가 있지만 그중에서도 혈압을 안정시키는 데 효과가 좋은 네 가지 차를 소개한다. 국화, 야국, 은행잎, 용규로 만드는 청혈차다.

▶ 국화차

가을에 채취하여 사용하며, 성질은 달고 쓰고 약간 차다. 11월 초 개화기에 채취한 후 약간 쪄서 그늘에서 말린다. 국화의 향기는 마음을 진정시키고 머리를 가볍게 하며 혈액순환을 촉진하고 고지혈을 비롯한 비생리적인 물질을 제거하는 데 도움을 준다.

고혈압에 유효하며, 혈압을 내리고 머리를 가볍게 한다.

마시는 법

- 백국화 15g, 대추 3개

▶ 야국차

성질은 매우며 차다. 가을에 산과 들에 피는 꽃을 흔히 들국화(야국)라고 부르는데 식물명으로 감국이다. 감국은 가을 산야에 노랗고 작게 피지만, 국화는 비교적 큰 꽃이 황색·백자색으로 핀다. 일반 국화차로 전탕할 때는 시루에 쪄서 건조시킨 후 향기가 빠지지 않게 전탕을 잠깐만 한다.

신경성·원발성 고혈압에 이롭다. 혈압 강하, 혈소판 응집 억제, 상심근 허혈 개선, 항암 작용을 한다.

마시는 법

- 혈압 강하: 야국 15g, 결명자 12g
- 혈압을 내리고 머리를 가볍게 하려면: 백국화 15g, 대추 3개

▶ 은행잎차

초가을에 채취하여 깨끗이 씻어 햇볕에 말렸다가 사용한다. 성질은 쓰고 달고 떫고 평범하다. 단풍이 노랗게 든 잎은 약효가 아주 적다. 황록색이고 형체가 완전한 것이 상품이고, 부서지고 황색인 것은 하품이다.

은행잎은 뇌세포 대사 및 기능 장애를 개선하며, 뇌허혈과 뇌혈관 장애에 유익하다. 신경 보호, 고지혈 강하, 심장 허혈 보호, 간 보호 작용에도 효과가 있다.

임상실험 결과 다음과 같은 사실이 확인되었다.

- 뇌경색에 유효, 기억력 증강, 관상동맥 경화증에 유효
- 고혈압에 유효, 재생불량성 빈혈에 유효, 옻독 제거
- 혈액순환을 개선하고 강심 폐기능을 활성화하여 장염을 치료
- 뇌질환 치료, 해수·천식·이질·설사·대하에 유효

마시는 법

- 고혈압, 동맥경화증: 은행잎 12g, 조구등 12g, 하수오 12g, 천궁 8g, 백지 8g, 경활 8g, 지모 황백 4g

(과량 복용하지 않는다.)

▶ 용규차

잎과 줄기를 여름·가을에 채취하며, 성질은 쓰고 차다. 여름에 흰색 꽃이 피며, 가을에 콩알만 한 장과가 까맣게 익는다. 이 열매를 까마중이라 하는데, 먹으면 단맛이 난다. 높이 60~90cm로 자라며 농가나 길가에서도 흔하게 볼 수 있는 약용 자원이다. 근래 들어 암 치료제로 각광받고 있다.

전초(꽃, 잎, 줄기, 뿌리까지 전부)를 약용하는데 줄기와 잎이 녹색이고 열매가 있는 것을 상품으로 친다. 잎이 적고 줄기만 남아

있으며 회녹색인 것은 하품이다.

용규는 혈압을 내리는 작용을 비롯하여 항암, 혈액 응고, 백혈구 수치 상승 등의 작용을 한다. 해열·해독·소염 작용을 하여 피부·창양·종기·단독·타박상·만성 기관지염에 효능이 있고, 이뇨 작용을 하여 복수를 제거한다. 그 외 피부 소양, 창양, 피부 습진에는 하루 15~30g의 용규를 내복하거나 찧어서 환부에 붙인다.

마시는 법

- 용규차 자체의 효능을 원할 때: 용규 120g
- 위암, 식도암: 용규 30g, 황약자 10g
- 방광암, 백혈구 감소증: 용규 60g, 여정실 60g, 당귀 15g, 녹용 10g

▶ 발효쑥차

쑥은 《동의보감》에서 성질이 따뜻하고 독성이 없으며 맛이 쓰면서 비, 신, 간 등에서 기혈을 순환시키며 하복부가 차고 습한 것을 몰아낸다고 소개되고 있다.

《본초강목》에서는 속을 덥게 하고 냉을 쫓으며 습을 없앤다, 배를 따뜻하게 하고 경락을 고르게 하며 태아를 편하게 한다고 나와 있다.

쑥은 성질이 몸을 따뜻하여 추위로부터 보호해 주며 손발이나 복부도 따뜻하게 하기에 여자들의 몸이 냉하여 발병하는 생리통, 냉증, 불임에 사용하였다. 또한 쑥에는 치네올이라는 독특한 향기가 있어 식욕을 돋우고, 소화도 촉진시키며, 혈액순환도 잘 되게 한다. 또한 각종 출혈성 질환에 쑥을 달여 마시면 지혈효과가 뛰어나다. 몸에 상처가 났을 때 어린 쑥을 찧어서 부위에 바르면 지혈이 된다.

최근의 보고에 의하면 쑥을 차로 마시면 혈관을 튼튼하게 할 수 있다는 것이 밝혀졌다. 고혈압이 있어도 쑥차를 자주 마시면 혈관을 튼튼하게 하여서 뇌질환을 예방할 수도 있다.

쑥은 첫째 모세혈관을 튼튼하게 하는 작용이 있다. 쑥은 혈관을 튼튼하게 해주기 때문에 혈압이 높더라도 중풍과 같은 뇌질환을 예방할 수 있다.

둘째, 쑥은 파혈작용이 강하다. 파혈작용이란 수명이 다한 피나 어혈을 분해해서 몸 밖으로 내버리는 작용이다. 쑥은 이 딱딱하게 굳은 어혈과 기름덩어리를 분해하여 몸 밖으로 배출시킨다.

셋째. 쑥은 청혈, 생혈작용이 강하다. 쑥은 피를 만들어내는 작용을 돕고 혈액이 온몸으로 원활하게 흐르도록 한다. 쑥은 몸을 따뜻하게 하며 기혈의 흐름을 순조롭게 한다.

맹자는 '7년 된 병에는 3년 된 쑥이 약'이라고 했다. 3년씩 말려서 발효된 쑥이 건강에 더 좋은 이유는 오래될수록 효과가 좋은 것이 쑥이나 귤껍질인 진피다. 오랫동안 자연 발효로 숙성을 시키면 유효 성분이 더 강화되어 항산화기능, 피를 맑게 하는 성분, 항암작용, 양질의 미네랄이 풍부해지니 효능이 훨씬 좋다.

마시는 법

- 복용법은 하루 1~2g을 뜨거운 물로 2~3분 우려내어 먹거나 3~4분 끓여서 차 마시듯 수시로 복용하면 된다.

미네랄 없이 밥 먹지 마라

인간은 살아 있는 동안은 계속해서 음식을 공급받아야 한다. 음식은 건강과 밀접한 관계가 있고, 모든 질병의 예후를 순조롭게 하거나 합병증을 예방하는 데에도 가장 많은 영향을 미친다. 근래에는 미국만이 아니라 우리나라나 일본에서도 뇌경색 환자가 뇌출혈 환자보다 4배 이상 많아졌다. 즉, 혈관이 막혀서 생기는 질환의 비율이 높아졌다는 뜻이다.

혈관질환인 중풍, 심근경색이 걱정되는 사람은 혈관과 혈액의 건강을 위해 혈전이 잘 생기기 않도록 하는 음식을 섭취하는 것이 좋다. 혈전 예방에 좋은 식품을 매일 섭취하는 것만으로도 혈압을 낮추고 중풍과 심근경색을 예방할 수 있다. 동물성 지방의 섭취를 가능한 한 줄이고, 어쩌다 먹게 되더라도 혈관과 혈액의 건강을 고려해가며 먹는 것이 좋다. 예를 들어 소고기를 먹었다면 생강차를 마셔서 소고기의 지방을 분해하고, 돼지고기를 먹을 때는 양파를 충분하게 먹어 돼지고기의 지방을 분해하는 식이다. 그 외의 고기를 먹을 때에도 채소를 육류의 2배 이상 섭취하면, 혈전이 생기거나 혈액이 탁해지는 것을 막는 데 도움이 된다.

과일과 채소에는 우리 건강에 유익한 파이토케미컬이라는 식물성 화학물질이 들어 있다. 식물을 의미하는 파이토(phyto)에 케미컬(화학)이 결합된 단어다. 식물은 외부 위험, 즉 해충이나 곰팡이 등으로부터 자신을 보호하기 위해 일종의 화학물질을 만들어내는데, 이 물질이 인체 내에서도 항산화 작용을 하는 것으로 알려져 있다.

일반적으로 채소를 많이 먹는 사람들은 혈압이 낮고 뇌졸중이나 심근경색, 동맥경화의 발생률도 낮다. 채소에는 칼륨·칼슘·마그네슘·비타민 C·섬유질이 많고, 복합 탄수화물·필수 지방산·포화지방과 정제 탄수화물이 적어서 콜레스테롤과 혈전,

혈압을 관리하는 데 이롭다.

채소와 과일에 들어 있는 비타민 A·C·E와 식이섬유, 미네랄 등은 혈전이나 고지혈을 예방해준다. 특히 중풍, 심근경색, 동맥경화의 발생을 막는 식품에는 셀러리, 마늘과 양파(황 함유), 견과류와 씨 또는 그 오일(필수 지방산 함유), 녹색 잎채소(칼슘과 마그네슘 공급원), 정백하지 않은 곡물과 콩류(섬유질), 브로콜리와 감귤류(비타민 C 공급원) 등이 있다.

모든 종류의 과일

성인 남성 260명을 대상으로 실시한 스웨덴의 최근 연구에 의하면, 과일과 채소를 많이 먹는 사람이 적게 먹는 사람에 비하여 체내에 강력한 혈전 용해 시스템을 갖추고 있다는 사실이 밝혀졌다. 하버드대학교에서는 고혈압이 발생할 가능성에 대한 실험이 있었는데, 하루에 사과 5개를 섭취하는 사람이 그보다 적게 섭취한 사람보다 고혈압으로 발전할 가능성이 무려 46%나 낮았다고 발표했다. 특히 사과는 고혈압과 중풍의 치료에 매우 효과적인 과일로 밝혀졌다.

과일의 식이섬유에는 채소나 곡류에 함유되어 있는 식이섬유보다 더 강력한 혈압 강하 작용이 있는 것으로 나타났다. 일반적으로 혈액에 비타민 C 농도가 높아지면 혈압이 낮아지고, 비타민 C가 부족하면 혈압이 올라간다. 비타민 C의 공급원인 귤이나 오렌지를 하루 4개 먹는 사람은 1개 먹는 사람에 비해 고혈압을 일으킬 가능성이 절반 이하로 줄어든다는 연구 결과가 있다.

셀러리

셀러리는 고혈압, 뇌졸중, 심근경색, 동맥경화를 예방하는 데 좋은 식품이다. 셀러리에 함유된 피라진이 혈전을 녹이므로 혈관 정화에 효과가 좋다. 시카고대학교 의료센터의 연구자들은 셀러리에서 검출되는 성분이 혈압을 낮출 수 있다는 사실을 알아냈다. 동물 실험 결과 매우 적은 양으로도 혈압을 12~14% 낮추고, 콜레스테롤 수치도 약 7% 낮추는 것으로 나타났다.

셀러리 줄기 4개, 즉 100g 정도의 양이면 혈압도 낮추고 혈전도 녹이는 작용을 한다. 셀러리는 비타민이 풍부하여 피로 회복을 돕고 혈액을 정화시키며 신진대사를 돕는 작용을 한다. 또한 스트레스를 받을 때 혈관을 수축시키는 작용을 하는 호르몬의 혈중 농도를 낮춤으로써 혈압 상승을 막는 기능을 한다.

양파와 마늘

혈전 생성을 방지하는 또 다른 식품으로 양파와 마늘이 있다.

영국 식품연구소(IFR)의 폴 크룬(Paul Kroon) 박사 팀은 양파에 들어 있는 퀘르세틴이라는 물질이 동맥경화증을 예방한다는 사실을 학술지 〈동맥경화증〉에 발표했다. 퀘르세틴 성분이 혈소판의 응집을 막아 혈전을 녹인다는 내용이다. 고대 이집트의 고문서에는 양파가 정혈강장약이라고 적혀 있다.

오늘날에도 양파는 세계에서 약용으로도 널리 쓰인다. 프랑스의 농가에서는 말의 다리에 생긴 혈전을 용해시키기 위해 마늘과 양파를 먹인다. 또한 추운 지방에서 사는 러시아인들은 육류 섭취를 즐기는 편인데, 양파를 첨가한 보드카가 혈액순환을 좋게 한다고 하여 즐겨 먹는다. 양파는 생으로 먹는 것이 더 좋다. 조리를 하면 단맛이 나고 자극적인 냄새는 없어지지만 효과는 조금 적어진다. 생식을 할 때는 물에 씻지 않고, 자연 그대로 먹는 것이 좋다.

마늘도 고혈압에 효과가 좋다. 마늘이 혈압을 낮춰주는 것은 마늘의 알리신 성분이 혈관을 확장시키기 때문일 것으로 추측한다. 독일의 한 연구보고서에서는 마늘의 알리신 성분이 혈전을 녹이고, 혈액순환을 좋게 하여 피를 맑아지게 한다고 밝혔다.

고추

고추도 혈전 용해 작용이 우수하다. 우리나라뿐 아니라 타이 사람들도 고추를 좋아하는데 타이 사람들에게는 중풍의 발생이 적다. 이와 관련하여 타이에서 진행된 한 가지 실험이 있다. 쌀가루에 고춧가루를 넣어서 타이 국수를 만들어 의대생 17명에게 먹이고, 4명의 의대생에게는 보통 타이 국수를 먹였다. 대조 결과, 고춧가루가 든 국수를 먹은 17명에게서 혈전을 녹이는 작용이 높아졌다고 한다.

타이 사람들에게 중풍의 발생이 적은 것은 고추를 자주 먹음으로써 체내의 혈전이 녹았기 때문일 것이라고 추정한다.

당근

당근은 맛이 뛰어나고 혈관 건강, 혈압 안정, 혈전 용해, 요산 저하 등에 효과가 좋다. 하버드대학교에서 9만 명을 대상으로 8년 동안 조사한 결과, 당근을 일주일에 5회 이상 먹는 사람은 1회 또는 전혀 먹지 않은 사람보다 중풍에 걸릴 확률이 68%나 낮았다고 발표했다. 당근이 중풍을 예방하는 것은 그 안에 함유된 베타카로틴과 라이코펜 덕분이다.

베타카로틴은 콜레스테롤이 유해물질로 변해서 혈관을 막는 것을 방지하는 작용을 한다. 베타카로틴이 많이 함유된 식품으로는 당근 외에도 시금치, 브로콜리, 고구마, 호박 같은 황색 과일이나 채소 등이 있다. 이런 식품에는 칼륨도 풍부하게 들어 있어 중풍을 예방하는 데 탁월한 효과를 나타낸다. 그리고 라이코펜은 강력한 항산화제로 심혈관계 질환과 암을 예방하는 데 탁월한데, 토마토의 붉은 색소에 많이 들어 있다.

생선

생선도 혈전을 예방하고 혈관을 건강하게 하는 데 좋은 음식이다. 생선이 혈압을 낮추고 혈전을 없애주는 것은 생선 기름에 함유된 오메가-3 지방산이 작용하기 때문이다. 오메가-3 지방산을 매일 2,000mg씩 3개월 동안 섭취한 뒤 혈압의 변화를 살펴보니 최저 혈압이 4.4포인트, 최고 혈압은 6.5포인트 낮아지는 결과가 나타났다.

덴마크에서 진행된 한 임상 연구에 의하면 혈압을 낮추고 혈전을 예방하려면 일주일에 최소한 3회는 생선을 먹어야 한다고 한다. 그래야만 충분한 정도의 오메가-3 지방산을 섭취할 수 있다는 것이다. 생선을 섭취할 때는 정어리, 고등어, 참치 등의 등푸른 생선을 먹는 것이 더 좋다.

흔히 지중해식 식단을 혈압과 혈전 예방에 가장 이상적인 식단이라고 말한다. 그 이유는 육류보다는 생선, 채소, 과일, 견과류, 당 지수가 낮은 탄수화물, 해조류 등을 즐겨 먹기 때문이다. 이제는 우리도 입에만 좋은 자극적인 음식에서 벗어나 건강에 좋은 식단으로 바꿔나가도록 하자. 식습관을 바꾸면, 약을 먹지 않고도 수많은 질병으로부터 해방되고 건강을 더 잘 유지할 수 있다.

혈압 조절에 관여하는 미네랄에 주목하라

평소에 음식을 통하여 인체의 필수 미네랄을 균형 있게 섭취하는 습관이 중요하다. 우리 몸은 탄수화물, 단백질, 지방이라는 3대 영양소를 바탕으로 생명 활동을 유지해간다. 탄수화물은 우리 몸의 주요 에너지원으로 쓰이고, 단백질은 신체를 구성하며, 지방은 체내 장기를 보호하고 호르몬과 세포막을 구성한다. 하지만 이 영양소들은 비타민과 미네랄이라는 2대 영양소가 없으면 아무것도 할 수 없다. 3대 영양소가 우리 몸에서 쓸 수 있는 에너지로 바뀔 때 비타민과 미네랄이 반드시 있어야 하기 때문이다. 비타민과 미네랄은 일부를 제외하고는 체내에서 합성하지 못하므로 반드시 음식으로 섭취해주어야 한다.

그중 고혈압과 관련 있는 미네랄로는 칼륨과 마그네슘, 칼슘을 들 수 있다. 이 세 가지는 혈액 내 나트륨의 작용을 조절하므로 혈압과 관련이 깊다.

칼륨

먼저 칼륨은 체내의 과도한 나트륨을 몸 밖으로 내보내는 역할을 한다. 혈액 중에 나트륨이 많아지면 삼투압 작용이 촉진되어 세포로부터 더 많은 수분을 가져온다. 그러면 혈액량이 늘어 혈압이 높아진다. 따라서 고혈압 환자들에게는 체내 나트륨을 적정량으로 유지하는 것이 필수적인데, 이를 위해 칼륨을 충분히 섭취해야 하는 것이다.

고혈압 환자뿐만 아니라 정상 혈압을 유지하고 있는 사람들도 염분과 칼륨을 적정 비율로 섭취해야 한다. 가장 이상적인 비율의 식사는 고칼륨·저나트륨 식사다. 매일 이런 방법으로 식사를 하면 혈압을 안정화하는 데 효과적이며, 암과 심장질환·뇌졸중 등도 예방할 수 있다. 반면 저칼륨·고나트륨 식사는 암과 심혈관질환을 발생시키고 악화시키는 중요한 원인이 된다.

건강한 체내에서 칼륨과 나트륨의 비율은 칼륨1:나트륨0.6이다. 음식물에서 섭취하는 칼륨과 나트륨의 비율도 이 수치에 가까운 것이 바람직하다.

65세 이상의 고혈압 환자라면 칼륨 보충제를 복용하는 것도 좋다. 그 이유를 다음의 실험 사례가 보여준다. 160㎜Hg 이상의 수축기 혈압과 95㎜Hg 이상의 이완기 혈압을 보이는 18명의 노인 환자(평균 연령 75세)를 대상으로 이중 맹검 연구를 진행했다. 이전에 칼륨 보충제를 섭취한 적이 없는 노인 환자들에게 4주간 염화칼륨(2.5g의 칼륨 제공) 또는 위약을 매일 투여했는데, 그 결과 수축기 혈압은 12㎜Hg, 이완기 혈압은 7㎜Hg가 떨어졌다. 이 결과는 혈압약의 혈압 강하 효과에 버금가는데, 부작용이 없다는 큰 장점까지 가지고 있다.

칼륨을 풍부하게 함유한 식품으로는 콩류, 밀, 고구마, 조개류, 연어, 배, 토마토, 시금치, 우엉, 버섯, 밤, 호두 등이 있다.

마그네슘

칼륨을 섭취할 때는 마그네슘도 함께 섭취해주어야 한다. 칼륨은 체내에서 마그네슘과 상호 작용하기 때문이다. 마그네슘은 인체의 세포 내에서 칼륨 다음으로 농도가 높다. 그러므로 만일 세포 내 칼륨 수치가 낮으면 마그네슘 섭취량이 적다고도 볼 수 있다. 칼륨과 마그네슘을 동시에 보충하면 이들의 상호 작용으로 세포 내 염분이 낮아지고, 그 결과 혈압이 낮아지는 효과를 볼 수 있다.

한 임상 연구에서 고혈압 남성 21명에게 각각 매일 600mg의 마그네슘 또는 위약을 투여한 결과, 평균 혈압이 111㎜Hg에서 102㎜Hg으로 떨어졌다. 가장 민감하게 반응한 환자들은 적혈구 칼륨 수치가 내려간 환자들이었다. 마그네슘을 섭취하자 세포 내 마그네슘 수치만이 아니라 나트륨과 칼륨의 수치도 정상화됐다. 이는 마그네슘의 혈압 강하 기전 가운데 하나를 보여준다. 즉 마그네슘은 염분을 세포 밖으로 퍼내고, 칼륨을 세포 안으로 끌어당기는 세포막 펌프의 기능을 활성화한다.

이렇듯 마그네슘 섭취가 혈압 강하에 효과적이라는 사실이 여러 연구를 통해 입증되고 있다. 단, 신장질환자들은 예외다. 이들은 정상 경로로 칼륨을 처리하지 못하기 때문에 신장 장애와 칼륨 독성이 나타날 가능성이 있다.

마그네슘이 풍부한 식품으로는 견과류, 상추, 바나나, 현미, 오징어, 옥수수, 시금치, 정어리 등이 있다.

칼슘

그리고 또 하나, 칼슘이 고혈압과 관련이 깊다. 칼슘은 마그네슘, 칼륨, 나트륨과 함께 세포 분열과 세포 내 효소 활성화 등의 작용을 한다. 특히 나트륨의 배출을 촉진하고 혈관의 세포막을 튼튼하게 해주며 나쁜 콜레스테롤이 혈관벽에 붙어 쌓이는 것을 막음으로써 혈압을 내려준다.

칼슘은 체내에서 가장 많은 무기질로 체중의 2% 가량을 차지한다. 잘 알려진 바와 같이 거의 대부분이 뼈와 치아를 구성하는 데 사용되며, 1% 정도가 혈액과 조직에서 생체 기능을 조절하는 데 쓰인다. 신진대사에서 여러 생화학반응을 촉진하고 근육 수축과 심장 박동을 통제하는 작용을 하며 신경전달물질로서도 기능한다. 바로 이 작용을 기초로 하여 혈압 강하제 중 칼슘채널차단제가 개발된 것이다.

칼슘이 많이 들어 있는 식품으로는 다시마, 미역, 김 등의 해조류와 현미, 양배추, 콩나물, 숙주나물, 당근, 우엉, 참깨, 고추, 검은깨 등이 있다.

어떤 경우에도 원칙은, 약이 아니라 내 몸이 스스로 일하게 만드는 것이다. 혈압을 높이는 근본 원인은 혈액과 혈관이 건강하지 못하기 때문이다. 그러므로 이들을 원상태로 회복하는 것이 가장 우선적으로 해야 하는 일이다. 그 일이 바로 혈액을 맑게 하고 혈관의 탄력을 회복시키는 것이다. 이처럼 혈액이 깨끗하고 혈관이 건강하면 순환이 잘 이루어지고, 그러면 혈압은 자연스럽게 정상으로 돌아온다. 내 몸에는 나를 위해 항상 최선의 조치를 해주는 의사가 들어 있기 때문이다.

생 청국장을 먹으면 혈전이 없어진다

혈전이 염려가 되는 분들은 동물성 식품 섭취를 줄이고, 식물성 식품 섭취를 늘리는 것이 중요하다. 식물성 음식 중에서도 혈전을 없애는 데 가장 도움이 되는 음식이 콩이다. 콩은 식물성 식품으로는 드물게 양질의 단백질이 풍부해 흔히 '밭에서 나는 쇠고기'라 불린다. 콩은 쇠고기보다 단백질 함유량은 낮지만 지방이 적고, 칼슘 함유량은 높다. 그래서 쌀밥이 주식인 한국인에게 부족하기 쉬운 단백질을 보충해주는 최고의 건강 음식으로 꼽힌다.

콩보다 효과와 효능이 훨씬 많은 청국장

콩에서 태어난 된장과 청국장은 콩보다 효능이 월등히 우수하여 가히 청출어람이라 할 만하다. 청국장은 원재료인 콩이 발효되면서 각종 영양 성분의 흡수율이 증가하는 것은 물론, 새로운 미생물과 효소 생리활성물질이 만들어져 한층 더 높은 효과를 지닌다.

청국장과 된장은 둘 다 콩으로 만들어지기 때문에 영양성분은 비슷하다. 다만, 가장 큰 차이점이라면 발효균이 다르다는 것이다. 된장은 곰팡이균에 의해 숙성 과정을 거치는 반면, 청국장은 바실러스균에 의해 발효된다. 그래서 청국장은 혈전을 용해시키는 효과가 뛰어나고, 된장은 항암효과가 뛰어나다.

청국장은 혈관 건강에 가장 좋은 음식이다. 현대인에게 많이 발생하는 고지혈증을 완화시키고 혈관을 건강하게 해준다. 콩을 발효시키면 끈적끈적한 실 같은 물질이 생기는데 여기에 나토키나아제라는 성분이 많이 들어 있다. 이 효소 성분이 혈전을 일으키는 피브린 단백질을 분해하는 것으로 나타났다. 혈관에 상처가 생기면 상처를 복구하기 위해 혈소판이 분비되고, 그곳에서 혈전이 발생할 수 있다. 이때 혈전을 만드는 단백질이 피브린인데, 이 피브린을 분해하는 물질이 나토키나아제다.

청국장은 그 외에도 장 건강과 여성 건강에 도움이 된다. 청국장이 장 건강에 좋은 것은 바실러스균이라는 유익균의 작용 덕분이다. 이 바실러스균은 단백질 흡수율을 높일 뿐 아니라 대장으로 들어가서 강력한 정화 작용을 한다. 대장에서 인체에 유익한 유산균의 성장을 촉진하고 해로운 균은 억제하는 효과를 발휘한다. 또한 청국장이 여성의 건강에 좋은 것은 콩에 함유된 이소플라본 덕분이다. 이소플라본은 여성호르몬인 에스트로겐과 유사한 성분으로, 여성의 갱년기 증상을 완화하는 데 도움을 준다.

청국장 발효가 일어나면 청국장 1g당 10억 마리의 세균이 존재하게 된다. 그러니까 청국장 30g을 먹는다면 300억 마리의 유익균을 먹게 되는 셈이다. 체내에서는 이 균이 증식하는 과정에서 각종 단백질 분해효소, 섬유질 분해효소 등의 효소가 대량으로 만들어진다. 이 효소들은 원래 콩에는 거의 없던 물질이다. 또한 콩이 분해되면서 각종 항암물질, 항산화물질, 면역증강물질과 같은 생리활성물질들이 아울러 생산된다. 따라서 청국장을 먹으면 수백억 마리의 미생물과 각종 효소, 다양한 생리활성물질들을 동시에 섭취할 수 있다.

콩은 양질의 단백질 공급원이다. 콩에는 양질의 식물성 단백질이 무려 35% 이상이나 들어 있다. 3대 양질의 단백질로 고등어 같은 생선의 단백질, 쇠고기 단백질, 콩의 단백질을 꼽을 수 있는데 콩에 들어 있는 단백질의 소화율이 가장 좋다. 그래서 이유기나 성장기 아이들에게 특히 좋다. 또한 청국장에는 칼슘, 철, 마그네슘, 인, 아연, 구리, 망간, 칼륨, 셀레늄 등 미네랄이 다른 음식보다 훨씬 많이 함유되어 있어 뼈를 튼튼하게 하고 각종 질병을 예방하는 효과가 있으니 아이들에게 정말 좋은 음식이라고 할 수 있다.

평소에 검은 콩으로 청국장을 잘 만들어서 들기름, 양파, 마늘, 생강, 고춧가루 등을 넣고 섞어서 생으로 먹는 습관을 들이길 권한다. 이 식품이야말로 인체와 혈관의 건강에 최고로 좋으니 많이 활용하길 바란다. 나도 고혈압, 당뇨, 고지혈, 암 등의 환자들을 치료할 때 청국장을 적극 활용하고 있다. 혈관을 강화하기 위해 생청국장과 들기름 또는 청국장과 들깨가루를 넣어서 만든 청혈바를 필수적으로 처방한다.

콩을 이용하는 또 다른 지혜, 초콩

근래에는 콩을 식초에 발효시켜서 먹는 초콩이 유행이다. 식초는 신맛이 있어 산성 식품이라고 오해하기 쉬우나 알칼리성 식품이다. 현대인은 육류나 쌀밥 같은 산성 식품을 많이 먹는다. 그런 음식을 많이 먹을수록 혈관이나 인체가 산성화될 수 있으므로 자연발효 식초를 섭취해 산성화되지 않도록 해야 한다.

식초는 살균력이 강하여 대부분의 병원균을 약 30분 이내에 사멸시킨다. 초밥이나 냉면, 단무지를 먹을 때 식초를 넣는 것은 살균 작용을 하여 식중독을 예방하는 효과가 있기 때문이다.

콩을 식초에 담그면 보존성이 높아진다. 콩에 들어 있는 비타민과 효소는 열이나 공기 등에 매우 약해 파괴되기 쉽지만 식초 속에서는 잘 보존된다. 비타민 C를 비롯한 각종 비타민이 잘 보존되고 콩에는 콜레스테롤이 전혀 없으니 혈관 건강에 유익하다.

앞서도 말했듯이 콩에는 이소플라본이 들어 있다. 이 성분은 에스트로겐과 비슷한 역할을 하므로 갱년기 증상을 완화시킬 뿐 아니라 유방암에도 특별한 효능을 발휘한다. 이와 더불어 식초는 우리 몸에 흡수된 영양소들을 태워 없애는 역할을 하기 때문에 다이어트에도 효과가 좋다.

초콩에 사용하는 콩은 검정콩의 일종인 서리태나 쥐눈이콩으로 한다. 초콩을 만드는 방법은 그다지 어렵지 않다. 먼저 잘 씻어 물에 불린 콩을 유리병에 3분의 1가량 채운다. 그런 다음 유리병의 3분의 2 높이까지 식초를 붓고 뚜껑을 닫는다. 서늘한 곳에 10일간 둔다. 이후에는 냉장고에 보관하고 먹는데, 하루에 먹는 양은 20~30알 정도가 적당하다.

잘 먹은 소금이 활성산소를 없앤다

단맛을 내는 물질로는 설탕, 자당, 포도당, 과당, 일부 아미노산 등의 천연물에서 인공감미료까지 몇천 종류가 있다. 그렇지만 짠맛을 내는 것은 소금밖에 없다. 설탕은 먹지 않아도 생명에 지장을 주지 않지만 소금을 먹지 않으면 반드시 죽는다. 소금은 소화와 흡수를 돕고 뇌에 자극을 전달하거나 신경세포의 전기신호를 통해 뇌에서 받은 명령을 근육에 전달하는 역할을 한다. 또한 세포 외액에서 세포가 파괴되지 않고 떠 있도록 조절하는 역할도 한다. 이처럼 중요한 소금인데, 왜 우리는 식탁에서 멀리해야 한다고 여기게 되었을까?

여기에는 아주 오래전 잘못된 의학적 보고가 큰 몫을 했다. 1950년대에 일본의 염분 섭취량과 고혈압 발생률 간의 상관관계를 연구했던 미국인 달 박사가 그 주인공이다. 그는 하루에 13~14g의 염분을 섭취하는 일본 남부지방의 고혈압 발생률이 약 20%이고, 하루에 27~28g을 섭취하는 북부지방의 고혈압 발생률이 40%라는 점을 들어 '염분이 고혈압이나 뇌졸중의 원인이다'라는 내용의 논문을 발표했다. 하지만 이는 일본 북부지방 사람들이 추운 날씨 탓에 혈관이 수축하여 혈압이 상승한다는 점을 간과한 것이었다. 이들이 염분을 충분히 섭취한 데에도 이유가 있었다. 염분이 체온을 올려주기 때문이다. 지금처럼 난방도 제대로 되어 있지 않은 데다 유독 추운 지방이었기에, 만약 염분을 충분히 섭취하지 않았다면 해빙기까지 살아남기도 어려웠을 것이다.

소금이 고혈압의 주범이라는 것이 잘못된 주장이라는 점은 1990년대 후반부터 지속적으로 밝혀지고 있으며, 현재는 소금을 잘 먹는 방법이 연구되고 있다.

양질의 소금은 환원력을 발휘하기 때문에 몸의 산성화를 방지하고 알칼리로 바꿔준다. 여기서 양질의 소금이란 정제염이나 암염이 아닌, 천일염이나 구운 소금을 말한다. 특히 우리나라 서해안에서 생산되는 천일염은 세계적으로도 매우 우수하다고 알려져 있다.

나는 소금의 효능을 검증하기 위하여 우리 한의원을 방문하는 여러 만성 질환자들을 대상으로 실험을 진행하였다. 천일염으로 만든 누룩장(누룩소금)과 죽염을 3주간 집중적으로 복용하게 한 뒤, 일정 간격을 두고 소변검사와 혈액검사를 실시하였다. 소변검사를 통해서는 체내 활성산소 농도와 pH 변화를, 혈액검사를 통해서는 혈중 지질 농도의 변화를 관찰하였다.

먼저 실험 대상은 고혈압, 고지혈증, 당뇨, 암 등의 과거력을 갖고 있는 만성 질환자로 나이, 성별, 기저질환에 상관없이 12명을 무작위로 선발하였다.

치료는 누룩장(누룩소금)과 죽염 복용 및 반신욕, 기타 생활관리를 병행하였다. 누룩장은 천일염을 누룩균으로 발효시킨 것이다. 누룩장은 일반 소금에 비해 나트륨 함량이 낮고(22% 이하) 적은 양으로도 소금과 같은 짠맛을 낼수가 있으며, 발효식품이기 때문에 장기간 복용하면 유해 세균을 줄이고 유익균을 늘리는 효과가 있다. 본 연구에는 누룩 유기농 인증을 받은 장흥의 찹쌀 및 멥쌀로 만든 '술씨'와 신안 임자도의 3년 묵은 천일염을

'구운 소금'으로 만들어 사용하였다. 이렇게 만든 누룩장을 매일 20ml씩 2~3번에 나누어 복용하도록 하였다.

그리고 죽염 복용과 반신욕을 병행하도록 하였다. 여기에는 신안 천일염 원료를 9번 구워 만든 죽염을 사용하였다. 한 번에 2g(작은 티스푼으로 깎아서 한스푼가량)씩 하루 3번 물에 타서 마시도록 하였고, 입욕 시에는 한 번 반신욕할 때마다 50g을 일반 천일염 500g과 함께 물에 녹여서 이용하도록 하였다. 입욕 시간은 취침 전 30분간으로 하였다. 그 외에 식이조절 측면에서는 현미 잡곡밥에 채식 위주의 식단을 권장하였다. 음주 및 외식은 자제하도록 하되, 기타 생활은 평소의 리듬을 그대로 유지하도록 하였다.

실험 대상자 중에서 3주간의 복용과 검사 과정을 모두 마친 7명의 결과를 분석하였더니 다음과 같은 결과가 나왔다. 먼저 소변검사 결과는 다음과 같다.

소변검사 결과

이름	검사항목	복용 전	1주차	2주차	3주차	비고
권○○ (60/남, 고혈압·오십견)	소변 pH	6.0	6.0	6.5	6.0	-
	활성산소(%)	10	15	20	10	-
김○○ (46/여, 고혈압)	소변 pH	7.0	6.0	6.0	6.0	-1.0
	활성산소(%)	30	15	15	15	-30
박○○ (58/남, 뇌경색)	소변 pH	7.0	6.5	6.5	6.5	-0.5
	활성산소(%)	60	10	30	30	-30
박○○ (71/남, 고혈압·당뇨)	소변 pH	6.0	6.0	6.0	6.0	-
	활성산소(%)	30	30	30	15	-15
심○○ (57/여, 불면증·수족냉증)	소변 pH	5.0	5.0	6.0		+1.0
	활성산소(%)	300	30	15		-285
안○○ (52/여, 고혈압)	소변 pH	6.5	7.0	7.0	6.0	-0.5
	활성산소(%)	30	30	30	10	-20
임○○ (68/여, 유방암)	소변 pH	6.5	6.5	6.0	6.5	-
	활성산소(%)	30	30	30	40	+10

소변검사 결과에서 살펴본 두 가지 지표 중 소변의 pH는 인체의 산성도를 파악하는 데 도움이 된다. 대체로 인체의 산성도는 약알칼리를 띨 때 가장 건강하며 7.2~7.4 정도가 적당하다. 최초의 검사에서 이 수치에 도달한 환자는 한 명도 없었으며 보통 6~7, 낮게는 5까지도 내려가 있는 것을 관찰할 수 있다. 3주간 소금을 복용한 이후 모든 참가자에게 유의미한 변화가 나타

나지는 않았지만, 가장 낮은 수치인 5를 기록했던 심○○ 씨의 경우 6으로 올라간 것을 볼 수 있다. 정확한 결과를 위해서는 장기적인 추적 관찰이 필요하다.

활성산소의 농도는 대체로 저하되었다. 소변의 pH가 가장 낮았던 심○○ 씨의 경우 최초의 활성산소 농도가 300%나 되는 매우 높은 수치에서 실험 1주차 만에 30%로 떨어졌고 3주차에서는 20%를 기록하였다. 심OO 씨 이외에도 60%에서 30%로 떨어진 박○○ 씨, 30%에서 10%로 떨어진 안○○ 씨를 비롯하여 전반적으로 활성산소가 떨어지는 결과를 보였다.

한편, 혈액검사를 통해 혈중 지질 농도도 살펴보았다. 참가자마다 정도의 차이는 있었지만 7명 중 5명에서 중성지방 수치가 떨어졌고, 6명이 LDL 수치 저하를 보였으며 5명의 HDL 수치가 상승하였다. 전반적으로 고지혈증의 지표들이 호전되는 것을 볼 수 있었다.

기간이 짧다는 점과 생활적인 측면을 엄격히 통제할 수 없었다는 한계가 있었음에도, 양질의 소금을 섭취하는 것이 건강에 얼마나 유익한가를 보여준다는 점에서는 분명히 성과가 나타난 실험이었다. 소금을 무조건 멀리하기보다는 좋은 소금을 적정량 먹고, 반신욕으로도 활용하길 권한다.

피 해독 3주+체온 상승 3주 프로그램

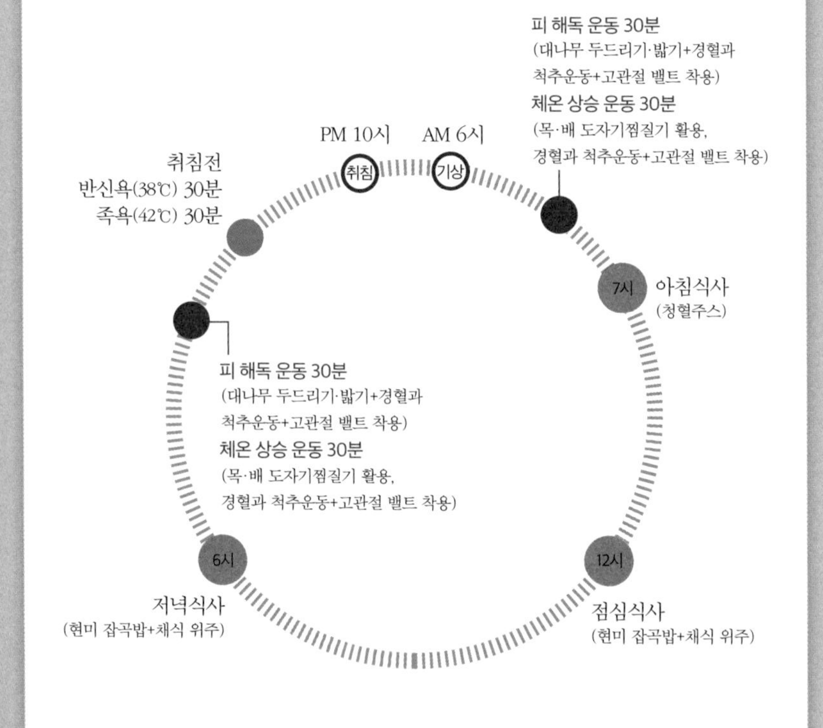

* 위 프로그램은 전문의와의 상담을 필요로 합니다.

6장

나는 이렇게 혈압약 없이 살게 되었습니다

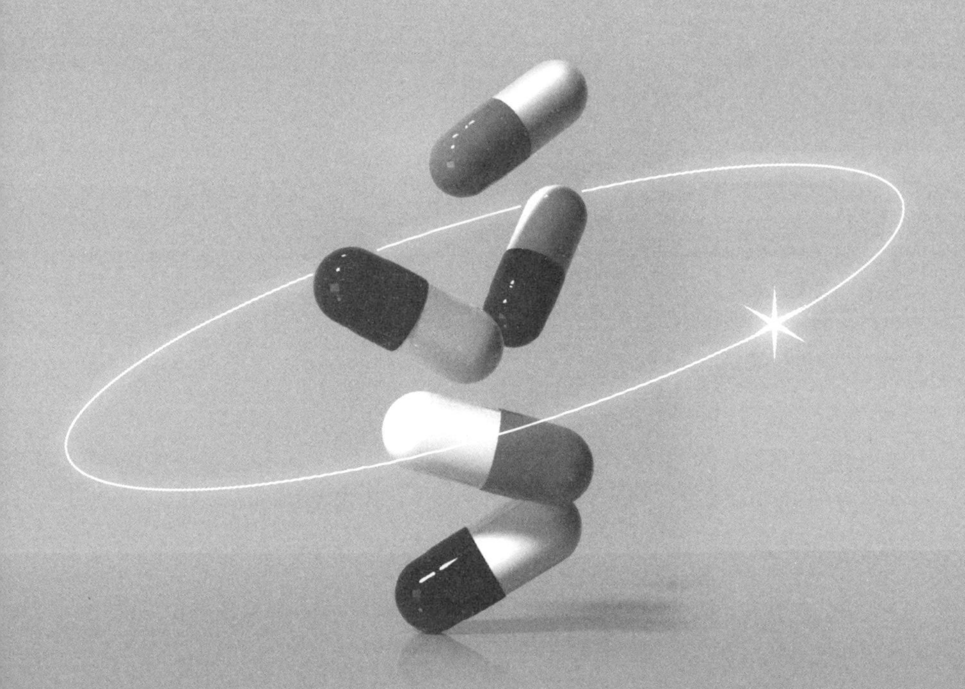

피 해독 3주 만에 정상 혈압을 되찾았습니다

김○○(女, 51세, 161cm/58kg): 초진일 2015년 9월 18일

저는 5~6년 전인 40대 중반에 고혈압과 고지혈증 진단을 받았으나 약을 복용하지 않고 식단과 운동으로 조절해왔습니다. 30대 때에는 오히려 혈압이 낮은 편이었는데 근 5년 사이에 혈압이 140㎜Hg까지 오를 정도로 고혈압 증세가 심해졌습니다.

이제 막 50대에 들어서서 창창한 나이인데 건강 때문에 발목이 잡히다니, 이대로 내 삶이 끝나는 건가 하는 걱정 때문에 잠을 잘 이루지 못했습니다. 평소에도 성격이 예민한 편이고 불안감을 자주 느꼈으며, 15년쯤 전에는 공황장애로 인해 신경과에서 처방한 약을 1년간 복용한 적도 있습니다.

처음 한의원을 방문하기 일주일 전에 유방의 양성 종양을 제거하는 수술을 받았습니다. 수술을 받고 나서 근이완제, 진통제, 혈액응고제 등을 복용하였는데, 혈압이 급격히 올라 150/100㎜Hg까지 상승하는 것이었습니다. 얼굴과 머리 쪽에 열이 치받는 느낌이 들고, 아직 날이 더운 때였는데도 몸이 으슬으슬하고, 자꾸 토하고 싶고 어지럼증도 자주 나타났습니다. 몸이 이렇게 되고 보니 '뭔가 큰 문제가 있나 보다' 싶어서 심적으로도 많이 불안해졌습니다.

증세가 조금씩 심해지는 것 같아서 한의원을 방문하였습니다. 처음 진료를 받던 날은 앞에 말한 증상 외에도 뒷목이 뻣뻣하고, 머리가 무겁고 아프며, 가슴이 두근거리고, 사지가 저리는 등의 증상이 있었습니다. 피로감도 이전에 느껴본 적이 없을 정도로 심했습니다. 유방 수술을 받았던 병원에서 이런 증세를 이야기하니 혈압약을 복용하라고 처방해주더군요. 하지만 혈압약은 한 번 복용하면 평생 계속해서 먹어야 한다는 얘기를 들은 터라 약을 먹지 않을 방법을 찾다가 한의원에 가게 된 것입니다.

한의원에서는 가장 중요한 것이 피를 맑게 하는 것이라며 '피

해독 3주 프로그램'을 시작하자고 하였습니다. 뒷목이 굳고 머리가 무겁고 사지가 저리는 등의 증상은 온몸의 혈액순환이 제대로 되지 않을 때 나타나는 대표적인 증상이라고 설명해주시더군요. 저는 제시해준 프로그램을 충실히 실천했습니다.

매일 발효청혈주스와 청혈바(청국장 가루와 견과류로 만든 것)를 아침 공복에 하나씩 먹고, 청혈차(청아차) 1티백을 마셨습니다. 낮에는 햇볕을 쬐며 30분 이상 산책을 하고 밤에는 자기 전에 반신욕을 30분 이상 했습니다. 반신욕을 하기가 어려운 때는 반드시 족욕이라도 해서 취침 전 체온을 올리는 일을 게을리하지 않았습니다. 아침저녁으로 척추경혈운동기를 이용해 척추 주위 근육을 풀어주고, 대나무 두드리기와 밟기를 꾸준히 하여 경혈을 자극해 혈액순환이 잘되도록 했습니다. 여기에 찜과 뜸으로 체온을 높이는 데 집중했습니다. 집에서는 시간이 날 때마다 도자기 찜질기를 이용해 몸을 덥혔고, 주 1~2회 정도는 한의원을 방문해 뜸 치료를 받았습니다. 평소 차가웠던 아랫배와 발, 등까지 기운이 들어가도록 전신 뜸 치료를 했습니다.

처음 치료를 시작했을 때는 무척 힘들었습니다. 아마도 제 체력이 바닥이 난 상태였기 때문이었을 것입니다. 몸이 더 무겁고 목 안이 헐 정도로 힘들었어요. 하지만 그게 내 몸 조직들이 자극을 받아 깨어나는 중이라 생각하고, 프로그램을 중단하지 않았습니다. 이렇게 포기해버리면 건강을 되찾을 기회는 영영 잃어버리고 평생 약을 먹으면서 살아가야 한다는 생각이 들었기 때문입니다. 첫날보다 사흘째에는 프로그램을 해내기가 훨씬 수월해졌습니다. 그리고 5일째가 되자 몸이 놀라울 정도로 가벼워졌음을 느꼈습니다. 혈압이 120/82㎜Hg까지 내려와 있더라고요.

한의원에서는 혈압을 너무 자주 측정하지 말라고 하였습니다. 그것 때문에 혈압이 더 오를 수도 있다고 설명하시면서 일정 기간을 두고 재는 게 어떠냐고 하셔서 그러기로 했습니다. 그것만으로도 저는 짐 하나를 내려놓은 것 같은 기분을 느꼈습니다. 사실 날마다 혈압을 재면서 어제보다 더 올랐으면 어쩌나 하는 불안감이 항상 있었거든요.

5일 만에 혈압이 그 정도까지 내려가자 저는 건강에 자신감도 많이 생겼고 심리적으로 좀 더 여유를 가지게 되었습니다. 무엇보다 반신욕을 한 덕에 몸이 편안하고 긴장도 많이 사라져서 밤에 잘 자게 되니 무척 좋았습니다.

10일째에는 혈압이 95/54㎜Hg까지 내려갔습니다. 여전히 컨디션이 매우 좋았고 잠도 잘 잤습니다. 3주 프로그램이 끝나갈 무렵에는 혈압이 수술 전보다 오히려 내려가서 30대 때 혈압과 비슷해졌습니다. 여전히 잠을 깊이 잘 자고 음식도 잘 소화시켰으며 체력도 많이 회복되어 움직임이 많이 가벼워졌습니다. 한 달도 안 되어 몸이 이렇게 바뀌니 이게 꿈이 아닌가 싶을 정도였습니다.

한의원에서는 예후가 매우 좋다고 하시며 프로그램 1회 만에 치료를 종료하였습니다. 대신 제가 고혈압과 고지혈증을 가지게 된 것은 식습관이 올바르지 않아서이므로 다시 이전처럼 생활한다면 몸이 또 나빠질 거라는 주의사항을 주셨습니다. 저는 그 말씀을 명심하고, 과일과 야채를 많이 먹고 날마다 걷기 운동을 하는 등 몸을 자주 움직여주고 있습니다. 되찾은 건강을 다시 잃고 싶지 않기 때문입니다.

갱년기와 겹친 고혈압 증세, 피 해독과 체온 상승으로 잡았어요

안○○(女, 52세, 160cm/63kg): 초진일 2015년 4월 30일

저는 평소 활동적인 성격으로 건강에도 관심이 많았습니다. 덕분에 상당히 건강한 편이라고 자부하는데 딱 한 가지, 혈압이 문제였습니다. 젊었을 때부터 혈압이 높아 혈압약을 복용해왔거든요. 약을 복용하면서도 식이요법과 대체의학요법 등을 활용하고 꾸준히 운동을 하면서 혈압을 적극적으로 관리했습니다.

그런데 저는 잘 관리하고 있다고 생각했지만 그게 아니었던가 봅니다. 최근 들어 길을 가다 어지럼증이 생기는 일이 간혹 있고, 가끔씩 머리가 둔해지는 듯한 느낌이 들기 시작했습니다. 그럴 때 혈압을 재보면 평소보다 높게 나왔습니다. '그렇게 열심히 관리했건만 소용이 없는 건가' 하는 좌절감이 들고, '혈압이 이렇게 계속 오르면 어떡하나' 하는 불안감이 밀려왔습니다. 그래서 하루에도 몇 번씩 혈압을 체크해서 기록하는 게 습관이 됐고, 혈압을 잴 때마다 불안감은 커져만 갔습니다. 평소에는 혈압이 정상 범위에서 잘 유지되다가도 갑자기 급격히 올라가서 180~190㎜Hg까지 이르기도 했습니다. 혈압이 높으면 뇌졸중으로 쓰러져 반신불수가 될 수도 있다던데, 어느 날 길 가다 쓰러지진 않을까 걱정이 태산 같았습니다. 약을 더 늘려야 하는 건가, 운동을 더 열심히 해야 하는 건가 갈피를 잡을 수가 없었습니다.

저는 약을 먹으면서 식이요법 등을 병행했는데도 혈압이 관리되지 않는 이유가 뭔지 알고 싶었습니다. 혹시 방법이 틀렸다면, 이대로 계속해봐야 혈압은 더 높아지기만 할 뿐이라 생각됐기 때문입니다. 그래서 근본적인 원인을 알아보자고 마음먹고 한의원을 찾아갔습니다.

처음 한의원을 방문하던 날은 증세가 더 심해진 때였습니다. 어지럼증과 뒷목이 뻣뻣해지는 증상 외에도 눈이 침침하고, 얼굴이나 머리로 갑자기 열이 오르는 듯하고, 이유 없이 식은땀이 나기도 했습니다. 선생님께서는 이것이 갱년기 초기 증상이라고 설명해주셨습니다. 그래도 다행인 것은 잠을 잘 자고 대소변이 양호한 편이라고 하시며, 갱년기 증세가 혈압에 영향을 준 것으로 보인다고 하셨습니다. 평소 혈압이 잘 유지되다가도 갑자기 급격히 오르는 경향이 있는데, 혈압이 오르는 상황이나 양상이 일관되지 않다는 점을 지적해주셨습니다. 갱년기에 접어들어 혈관 운동성에 장애가 생기면서 기존에 갖고 있던 고혈압에 영향을 미친 것으로 보인다고요.

이런 때는 모든 것에 앞서 혈액과 혈관을 건강하게 해주어야만 한다고 말씀하였습니다. 그래서 피 해독 프로그램과 체온 상승 프로그램을 3주씩 교대로 실천하기로 하고 치료를 시작했습니다. 두 프로그램 다 기본적으로 핏속 독소를 빼내고 체온을 높이는 것이 주목적인데, 피 해독 프로그램을 할 때는 독소 제거에 더 집중하고 체온 상승 프로그램을 할 때는 체온을 높이는데 조금 더 집중하는 방식입니다.

먼저 발효청혈주스는 하루에 3번, 생청국장을 오전에 한번 30g을 먹었고, 청혈바는 아침, 저녁으로 공복에 1일 2회 복용하고, 청혈차(청아차)를 매일 1티백씩 마셨습니다. 생수를 먹을 때는 죽염을 탄 물을 먹었고, 아침과 저녁으로 대나무 두드러기로 경혈을 자극하였습니다. 낮에는 꼭 시간을 내서 햇볕을 쬐며 산책을 했는데 피 해독 프로그램 중에는 30분, 체온 상승 프로그램 중에는 1시간 이상씩 했습니다. 밤에는 자기 전에 족욕 또는 반신욕을 30분 이상 하여 체온을 높이고 긴장을 풀었습니다. 또한 매일 한의원을 방문하여 아랫배에 50분간 뜸 치료를 받았으며, 피 해독과 체온 상승을 각각 돕는 한약을 주기적으로 처방받았습니다.

피 해독 프로그램 중에는 아침저녁으로 척추경혈운동기를 이용해 척추 주위 근육을 풀어주고, 대나무 두드리기와 밟기로 경혈을 자극해 혈액순환을 도왔습니다. 그리고 체온 상승 프로그램 중에는 도자기 찜질기로 뒷목과 아랫배를 충분히 풀어주었습니다. 또 사혈하는 방법도 배웠습니다. 가끔 어지럼증이나 머리가 무거움이 느껴지고 혈압이 급격히 오를 때 손가락과 발가락 끝(십선혈)을 사혈하는 응급대처법입니다. 만약 집에 있는 동안 갑자기 혈압이 올라갔다면 십선혈을 사혈하고 족욕과 아랫배 찜질 등을 병행한 후에 혈압을 체크해보라고 하셨습니다. 프로그램 초반에 이처럼 급격히 혈압이 오르는 일이 몇 번 있었는데, 응급조치를 하고 나서 혈압을 체크해보니 정말 현저히 내려가 있더군요.

치료를 시작한 지 한 달 후쯤인 5월 중순에서 하순 접어들면서 혈압이 갑자기 오르는 횟수가 눈에 띄게 줄고, 혈압이 오를 때의 증상도 약해졌습니다. 이전에는 매일 혈압을 체크하며 스트레스에 시달렸는데, 편안해진 이후로는 혈압을 체크하거나 혈압약 먹는 것을 잊을 정도로 안정되었습니다.

원래 안지오텐신Ⅱ수용체차단제 계열의 혈압약을 복용해왔는데, 초반에는 약을 복용하면서 치료를 병행하였습니다. 매일 아침 한 알씩 복용했어요. 그러다가 두 프로그램이 마무리된 6월부터는 혈압약을 이틀에 한 알로 조정하여 복용하였습니다. 그렇게 변화를 준 뒤 일주일에 3~4회 혈압을 체크하여 이상이 나타나는지를 추적하였습니다. 다행히 이후에도 혈압이 매우 안정적으로 측정되어 9월부터는 혈압약을 완전히 중단하였습니다.

약 끊고 2개월 이상이 지난 현재까지도 이전의 부작용은 한 번도 나타나지 않았습니다. 혈액순환이 잘 이루어지게 된 덕분에 갱년기 증상도 거의 나타나지 않고 건강한 나날을 보내고 있습니다.

약을 더 늘려야 하나 고민한 적도 있는데, 정말 그랬더라면 큰일 날 뻔했다는 생각도 해봅니다. 이번 일을 계기로 피를 맑게 하는 것이 얼마나 중요한지를 절실히 느꼈습니다. 앞으로도 청혈 습관을 유지해서 건강하게 살아야겠다고 마음먹고 있습니다.

15년 동안이나 먹어온 혈압약을 완전히 끊었습니다

조○○(男, 61세, 171cm/83kg): 초진일 2015년 3월 30일

15년 전 건강검진에서 고혈압을 진단받고 약을 복용하기 시작했습니다. 처방받은 약은 혈관확장제와 이뇨제의 복합성분제제였습니다. 혈압약을 복용하는 중에도 수축기 혈압은 120㎜Hg 전후로 정상 범위인 데 반해, 이완기 혈압이 항상 90㎜Hg 이상으로 측정되었습니다. 현재까지 15년간 꾸준히 혈압약을 복용해왔는데, 바로 이 이완기 혈압이 높기 때문이었습니다.

그런데 언제부턴가 부쩍 조조 발기가 원활하지 않다는 걸 느꼈습니다. 우연한 기회에 혈압약의 부작용 가운데 발기부전 증세가 있다는 것을 알게 되었고, 그 점이 신경 쓰여 한의원을 방문하였습니다.

우선, 왜 이완기 혈압이 안 잡히는 것인지에 대한 내 질문에 선생님께선 이렇게 답해주셨습니다. 이완기 혈압은 심장이 혈액을 밀어내지 않고 이완될 때에 동맥벽이 받는 압력으로, 심장이 수축하는 힘과 무관하다고 합니다. 평소 동맥이 받고 있는 압력치에 가깝다는 것입니다. 즉, 심장보다는 혈관의 합병증과 좀 더 밀접한 관계가 있다는 것이지요. 체온을 올리고 혈관을 지속적으로 확장할 수 있는 생활습관을 가지면, 동맥의 탄력성이 개선되어 이완기 혈압이 완만해진다고 설명해주셨습니다. 혈액순환이 개선되면 심장에 부담이 덜해져 점차적으로 수축기 혈압도 함께 완화된다는 것입니다.

선생님께서는 문진을 하면서 발기부전 외에 신경 쓰이는 점이 더 없느냐고 물으셨습니다. 사실 한두 가지가 더 있었습니다. 다른 사람들에 비해 얼굴이 눈에 띄게 붉고, 머리 쪽으로 열감이 치올라오는 등 여성의 갱년기 증세와 비슷한 증세가 있다는 점입니다. 이어서 선생님은 평소 습관이나 운동 등은 어느 정도로 하느냐고 물으셨고, 저는 나름대로 건강관리를 착실히 해온 편이라고 답변했습니다. 홍삼 엑기스를 복용하고, 날마다 헬스장에 가서 러닝머신을 40분 이상 달리고, 근력 단련도 해왔습니다. 또 운동이 끝난 후에는 꼭 고온의 사우나에서 땀을 빼 몸을 개운하게 했습니다.

이런 제 상황 설명을 듣고 선생님께서는 체내에 진액이 부족한 상태일 수도 있다고 하셨습니다. 이뇨제가 포함된 혈압약을 장기적으로 복용해왔기에 수분이 많이 빠져나갔을 것이고, 게다가 사우나로 땀을 많이 내는 습관까지 있어서 탈수가 더 심할 것으로 보인다고 하셨습니다. 그 증거가 바로 안면홍조와 상열감인데, 충분한 수분으로 체내의 열을 적절히 식혀주지 못하기 때문에 머리나 어깨 쪽으로 열이 치받는다는 것입니다. 거기다 인체에 양기를 보강해주는 홍삼의 작용까지 더해져 몸에 필요 이상의 열이 공급되고 있다고 하였습니다. 그래서 가장 먼저 홍삼 복용을 중단하고, 사우나에 머무는 시간을 줄여 땀이 필요 이상으로 많이 배출되지 않도록 하라고 당부하셨습니다.

그런 다음에는 핏속 독소를 제거하고 산화질소를 많이 생성하는 몸으로 만들기 위해 피 해독 프로그램을 시작하였습니다. 날마다 발효청혈주스 하루 3번, 청혈바 하루 2번, 청혈차를 꾸준히 복용했고, 물을 마실 때는 죽염을 넣어서 마셨고, 채식 위주의 식습관으로 바꿔갔습니다. 낮에는 햇볕을 쬐며 30분 이상 산책을 하고, 밤에는 자기 전에 족욕을 30분 이상 충분히 하였습니다. 헬스장에서 운동은 계속했지만 사우나에 들어가 땀을 빼는 일은 중단하였습니다. 또한 하루 50분 가량 쑥뜸을 뜨고 도자기 찜질을 병행해 하복부를 따뜻하게 했습니다.

가장 먼저 눈에 띄게 개선된 것은 안면홍조였습니다. 얼굴이 붉어서 사람들 앞에 나설 때마다 곤혹스러웠는데 혈색이 정상이 되니 그렇게 좋을 수가 없었습니다. 그 다음으로는 조조 발기가 호전되는 날이 많아지기 시작했습니다. 그런 이후 혈압도 둘 다 정상 범위로 낮아졌습니다. 원래 정상 범위였던 수축기 혈압은 물론이고 약간 높았던 이완기 혈압도 80㎜Hg 이하가 된 것입니다.

정말 좋은 일은 혈압약을 먹지 않아도 된다는 것입니다. 15년 동안이나 날마다 먹어왔으니 얼마나 지긋지긋했겠습니까. 혹시나 빼먹을까 하는 걱정 때문에 알람도 맞춰두는 등 긴장의 연속이었거든요. 혈압약은 처음 진료를 받은 날 이후 혈압을 체크하면서 서서히 줄여나가다 완전히 중단하였습니다. 내심 걱정이 되었으나 혈압이 다시 오르는 일은 없었습니다.

초진 당시 83kg이었던 몸무게도 치료를 시작한 지 약 50일 만에 3kg가량 줄었고, 80일 만에 다시 2kg이 줄어 총 5kg이 빠진 채로 유지되었습니다. 예전에는 이뇨제 성분의 혈압약 탓에 소변이 잦았고, 잔뇨감도 있어 불편이 이만저만이 아니었습니다. 특히 밤에 소변 때문에 잠을 깨는 일이 많았는데 한번 잠들면 아침까지 푹 잘 정도로 야간뇨 횟수가 줄었습니다.

혈압은 치료를 시작한 지 3개월이 지난 후 125/80㎜Hg대를 유지하여 치료를 성공리에 종료하였습니다. 그로부터 5개월이 가까워지는 지금까지 낮아진 혈압(125/80㎜Hg대)과 감량된 체중(77kg)이 그대로 유지되고 있습니다.

마흔에 받은 고혈압 진단, 피 해독으로 이겼습니다

이○○(男, 41세, 173cm/73kg): 초진일 2015년 3월 2일

저는 2014년 9월 고혈압이라는 진단과 함께 혈압약을 처방받았으나 복용을 하지 않고 지냈습니다. '이제 나이 마흔인데 무슨 약이냐. 조만간 괜찮아지겠지' 하는 생각이었습니다. 그런데 반년쯤 지난 2015년 2월 말일, 갑자기 뒷목이 뻣뻣하고 머리가 무거워 혈압을 재보니 166/99가 나왔습니다. 깜짝 놀란 채로 삼일절을 보내고 3월 2일, 한의원을 찾아갔습니다. 당시는 머리가 무거운 것 외에 입이 마르며, 피로감이 심하고, 소화가 잘 안 되는 증상에, 두통도 있었습니다.

저는 IT 계열 회사의 엔지니어로 근무하는데, 혈압에 대한 가족력이 있어서 평소 주의를 기울이는 편이었습니다. 그러나 앉아 있는 시간이 대부분이고, 시간외 근무가 잦은 환경이었기에 특별히 관리를 하기는 힘들었습니다. 업무상 스트레스가 많았고, 업무에 쫓기느라 식사를 제때에 하지 못하는 경우가 많을 정도로 불규칙해서 미란성 위염 및 변비로 고생하고 있었습니다. 예전에 요로결석을 앓은 적이 있으며, 잠은 잘 자는 편이었으나 시간에 쫓겨 사느라 운동은 거의 하지 못하고 지냈습니다. 아직 젊다는 생각에 '다음에, 다음에' 하면서 계속 미루다 보니 그런 생활에서 벗어나지 못한 것 같습니다.

한의원에서는 젊은 나이이기 때문에 잘못된 식습관을 개선하고 스트레스로 인해 높아진 혈관 긴장도를 풀어주면 혈압을 바로잡을 수 있다고 하였습니다. 아직 혈관의 노화가 많이 진행되지 않았을 것으로 보인다며, 하지만 지금 혈관과 혈액 건강을 되찾지 못한다면 빠른 속도로 나빠질 것이라 하였습니다. 프로그램 중에서도 특히 그 두 가지에 염두를 두고 진행하기로 하였습니다.

치료는 3주짜리 피 해독 프로그램부터 시작하였습니다. 저는 아침에 식사를 거르는 경우가 많았는데 발효청혈주스를 하루 3번, 생청국장 오전 오후 2번, 청혈바도 아침 저녁으로 먹으니 간단하게나마 아침을 대신함으로써 소화장애가 개선되도록 했습니다. 아무리 바빠도 낮에는 직접 햇볕을 쬐며 30분에서 1시간가량 걸었고, 잠들기 전에는 꼭 족욕을 하였습니다. 낮 동안 산책과 취침 전 족욕을 빠뜨리지 않는 것만도, 그동안의 제 생활을 생각해보면 엄청난 노력이라고 저는 생각합니다. 이런 제 일정을 고려하여 한의원에서도 침뜸 치료를 주 2회만 하되, 프로그램 진행 중에는 제때 식사하고 제때 잠드는 규칙적인 생활을 지키라고 당부하였습니다. 그 당부사항을 염두에 두고, 가능한 한 업무를 제시간에 마치고 나머지 시간은 청혈에 투자했습니다.

치료를 시작한 지 4일째, 한의원을 방문하는 날이었습니다. 낮시간에 산책을 하는데 평소에는 느끼지 못한, 가벼운 현기증이 나타났습니다. 진료할 때 이 말씀을 드렸더니 몸이 변화를 겪느라 나타나는 현상이니 걱정하지 말라고 얘기하셨습니다. 프로그램 초반에는 혈관과 몸속에 있던 독소가 혈액으로 배출되느라고 혈중 산소포화도가 일시적으로 낮아지고, 반대로 혈중 지질의 양이 에너지로 소모되어 줄어들기 때문이라고 하였습니다. 저는 안심하고 프로그램을 계속하였습니다.

다시 4일이 지나자 산책 중 어지럽던 증상은 없어졌고, 몸이 한결 가볍게 느껴졌습니다. 그리고 6일 후인 3월 16일에 측정해 보니 140/100㎜Hg로 수축기 혈압이 낮아져 있었습니다. 이후에도 낮에 걷고 밤에 족욕을 하는 습관을 꾸준히 지속하자 목이 뻣뻣하던 증상이 점차 사라졌습니다. 또 밤에도 잠을 푹 자니 하루 종일 피로가 한결 덜했습니다.

치료를 시작한 지 3주가 지난 3월 24일, 초진 당시의 증상이 모두 사라졌으며 변비도 거의 없어졌습니다. 혈압도 120~130/80~90㎜Hg 선에서 큰 차이 없이 안정되었습니다. 식사와 수면 시간을 규칙적으로 하기 위해 노력하고, 핏속 독소를 빼내고 체온을 올리는 데 최선을 다해 집중한 덕분이라고 생각합니다. 이에 한의원에서는 피 해독 프로그램을 3주 만에 성공적으로 종료하였습니다.

그때로부터 반년이 지난 현재, 제 혈압은 피 해독 3주 프로그램을 마무리하던 시점의 수준에서 유지되고 있고, 한 번도 그 이상으로 올라가지 않았습니다. 건강하다는 사실을 저 스스로도 실감할 만큼 컨디션도 계속 좋습니다. 불규칙한 식사와 수면, 스트레스에는 장사가 없다는 점을 절실히 알게 되었으며, 젊다고 자만할 게 아니라 건강은 건강할 때 지켜야 한다는 교훈을 얻었습니다. 건강을 위해 무엇보다 중요한 것이 혈액순환임을 깨달은 저는, 제 몸에서 산화질소가 잘 만들어지도록 아침 공복에 청혈주스를 잊지 않고 마시고 있습니다. 그리고 낮에 햇볕을 받으며 걷는 것과 잠들기 전에 족욕하는 습관을 지키고 있습니다.

▶ 7주 만에 되찾은 건강, 평생 지켜가고 싶습니다 ◀

김○○(女, 42세, 157.5cm/52kg): 초진일 2015년 5월 13일

저는 2015년 3월, 가끔 뒷목이 뻣뻣해지고 뒤통수에 둔한 통증이 느껴져서 병원을 방문하였습니다. 여러 검사를 거친 후 혈압이 160/100㎜Hg로 나와 혈압약을 처방받았습니다. 처음 처방받은 약은 베타차단제(아테놀올)로 심장 박동수를 완화시키고 심근의 수축력을 떨어뜨려 혈압을 완화하는 성분이었습니다. 이 약을 15일간 복용했으며, 이후에는 혈관 확장 작용을 하는 안지오텐신Ⅱ수용체차단제와 고지혈증 치료제인 스타틴 성분이 복합된 제제, 혈액순환을 개선하는 은행엽 제제를 처방받아 14일간 복용하였습니다. 당시 혈액검사상으로 고지혈증에 대한 언급은 없었으나 합병증을 예방하려는 차원에서 복합제제를 처방하였다고 합니다.

그러던 4월, 요통이 너무 심해서 또 병원에 갔습니다. 검사 결과 L4~5 부위 요추간판 탈출증으로 밝혀져 신경성형술을 받았고, 혈압약에 더해 몇 가지 진통제와 항경련제를 함께 복용해야 했습니다. 이렇게 여러 약을 한꺼번에 먹어도 되나 싶어 걱정이 되었습니다. 잘은 모르지만, 약은 어떤 성분을 농축한 것이므로 분명히 부작용이 있을 거라 생각되었기 때문입니다. 게다가 혈압약을 복용하는 동안에도 혈압이 원활하게 떨어지지 않고 기존의 증상이 반복되기만 했습니다. 이에 다른 방법이 없는가를 고민하게 되었고, 주변의 조언을 얻어 한의원을 찾기로 했습니다.

2015년 5월 13일에 선재광 원장님을 처음으로 만나 진료하였는데, 당시에도 혈압약과 고지혈증약의 복합제제를 지속적으로 복용 중이었습니다. 하지만 저는 약을 끊고 싶다는 생각이 있던 터라 간혹 약을 먹지 않고 버텨보다가 다시 먹기를 반복해왔습니다. 한의원에 간 날은 약을 안 먹은 지 4일째였습니다. 그날도 뒷목이 굳는 증상과 뒷머리에 뻐근한 통증이 있었으며, 이완기 혈압이 100~90㎜Hg 이하로는 떨어지지 않는 상태였습니다.

저는 직업상 앉아 있는 시간이 많았으며 신체적, 정신적으로 스트레스가 심했습니다. 그런 탓인지 아랫배가 항상 차가웠고, 퇴근할 무렵이 되면 다리가 심하게 부었으며, 종아리나 발끝이 수시로 저렸습니다.

제 증상과 상황에 대해 이야길 들은 선생님께서는 '항강증'에 대해 설명해주셨습니다. 항강증, 즉 뒷목굳음증은 흔히 고혈압 환자에게서 관찰되는 증상 가운데 하나이지만 혈압과 무관하게 발생하는 경우가 더 많다고 하였습니다. 특히 앉아 있는 시간이 길고 직업적으로 스트레스가 심한 경우 가장 먼저 긴장되는 것이 뒷목과 등 상부의 근육들이라고 합니다. 혈액순환이 방해를 받아 어혈이 생성되기 때문이라는 것입니다. 그리고 스트레스 상태에서는 혈압도 올라가게 마련이라고 설명하셨습니다. 이때는 혈압약으로 혈관을 확장시키는 것보다 신체적, 정신적 스트레스를 줄이는 것이 더 우선적인 치료라고 하였습니다. 그러면서 업무를 할 때 가능한 한 스트레스를 덜 느끼도록 마음을 좀 더 여유롭게 가지는 연습이 필요하다고 조언해주셨습니다.

그리고 치료로써 피 해독과 체온 상승 프로그램을 진행하기로 하였습니다. 스트레스가 많으면 혈관이 긴장하여 위축되기 때문에 혈액이 원활히 돌지 않고, 혈액 흐름이 느려지기 때문에 피가 탁해져 있을 거라 하였습니다. 제가 겪는 증상들이 모두 탁한 피가 원인이므로 피를 맑게 해야만 한다는 것이지요.

먼저 비타민과 미네랄, 일산화질소가 풍부한 발효청혈주스를 하루에 3회 복용하고, 생청국장으로 오전에 한번 먹고, 청국장 가루가 포함된 청혈바를 아침과 저녁 공복에 하나씩 먹었습니다. 그리고 혈행을 개선하고 머리를 맑게 하는 청혈차, 발효 쑥차를 하루씩 교대로 1티백씩 마셨습니다. 거기에 심장의 부담을 덜어주고 몸을 따뜻하게 해주는 한약을 처방받았습니다. 낮에는 햇볕을 쬐며 30분 이상 산책을 했고, 자기 전에는 30분 이상 족욕을 하도록 하였습니다. 매일 뒷목에 찜질기로 찜질을 하여 목을 부드럽게 풀어주고, 아랫배와 발, 등 부위에 50분간 쑥뜸치료를 받았습니다.

약을 끊고 싶다는 의지는 있었지만 치료 초반에는 걱정도 되었습니다. 약을 불쑥 끊었다가 갑자기 혈압이 오르면 어쩌나 걱정이 됐고, 기력도 많이 떨어져 힘이 없었으며, 몸 여기저기서 통증도 느껴졌습니다. 그렇게 불안한 상태였던지라 처음 며칠간은 혈압도 187/98㎜Hg, 145/106㎜Hg를 기록하는 등 불안정하고 다소 높게 나왔습니다. 그래도 굳게 마음먹고 약을 끊었으며 다시 복용하지 않고 버텼습니다.

약을 중단한 지 19일째인 5월 28일, 점차 상태가 안정되며 불안증세가 다소 사라졌습니다. 일주일이 지난 6월 4일이 되자, 다리가 붓는 증상은 여전하나 뒷목이 뻣뻣한 증상과 두통은 거의 사라졌고, 혈압도 130/92㎜Hg로 내려갔습니다. 이 결과를 보고 저도 점차 치료에 자신을 갖게 되어 지시사항을 더욱 충실히 따랐습니다.

그러부터 한 달쯤 후인 7월 2일 한의원을 다시 방문하여 혈압을 쟀는데, 정말 놀라운 결과가 나왔습니다. 혈압이 100/72㎜Hg로 뚝 떨어져 있는 것이 아니겠어요! 5월에 처음 한의원을 찾을 때 느꼈던 모든 증상이 깨끗하게 사라진 것은 두말할 것도 없고요. 만 2개월도 되지 않아 내 몸이 이렇게 바뀐 것을 보니 너무나 감격스러웠습니다.

그 후로 5개월 정도가 지났지만 혈압이 예전처럼 오르는 일은 한 번도 없었습니다. 자연히 혈압에 대한 스트레스에서 벗어났고, 현재의 건강한 상태를 유지하고자 햇볕 쬐기와 족욕을 열심히 하고 있습니다. 그리고 일상에서도 너무 오래 앉아 있지 않고 가끔씩 일어나 몸을 풀어주며, 채소와 과일도 열심히 먹고 있습니다. 어쩌면 제가 살아온 날보다 살아갈 날이 더 많을지도 모르는데, 아파서 근근이 살아서는 절대 행복할 수 없겠지요. 스스로 건강을 잘 챙겨서 스스로 행복하고 주변에 짐이 되지 않는 인생을 살고자 합니다.

약이 내 몸에 독이 될 줄은 꿈에도 몰랐습니다

윤○○(男, 35세, 182cm/76kg): 초진일 2015년 6월 9일

2014년, 회사에서 실시한 건강검진에서 고혈압과 고지혈증 진단을 받고 약을 복용하기 시작하였습니다. 당시 측정한 수치를 보면 수축기 혈압이 150~160㎜Hg였습니다. 30대 중반밖에 안 됐는데 혈압이 이렇게 높다는 얘길 듣자 걱정이 많이 되었습니다. 1년 가량 약을 복용했더니 혈압이 120/80㎜Hg 이하를 기록하여 다행이다 싶었습니다. 그런데 언제부턴가 앉았다 일어나거나 누워 있다 앉으려고 하면 눈앞이 캄캄해지며 머리가 어지러운 증상이 나타나기 시작했습니다. 그러다가 점차 눈이 침침해지고, 뒷목이 뻐근한 데다 아무리 쉬어도 피로가 쉽게 풀리지 않았습니다. 가끔은 이명(귀울림)도 나타났습니다.

증세가 점차 심해지자 2015년 6월 9일에 한의원을 방문하였습니다. 선생님께서는 먼저 제가 복용하고 있는 혈압약의 성분에 대해 설명을 해주셨습니다. 제가 먹는 혈압약은 베타차단제라는 성분으로 되어 있는데, 심장의 출력을 감소시켜 혈관이 받는 압력을 낮추는 기전으로 혈압을 조절한다고 하였습니다. 그런데 베타차단제는 다른 혈압약보다 부작용이 잘 나타나는 약물(보건복지부 지정 국민고혈압사업단에서 제공하는 정보 참고)이라고 합니다. 대표적인 부작용으로 피로와 운동능력의 감소, 수족냉증, 성기능의 저조 등이 있다고 하며 고지혈증을 심화시킬 수도 있다고 합니다. 또한 기관지 확장을 억제하며 심장의 수축력과 박동수를 모두 낮추기 때문에 심부전이 있는 사람은 악화될 가능성이 있다고 합니다.

설명을 듣다 보니 약인지 독인지 헷갈리기도 했습니다. 혈압약을 먹어서 혈압은 다행히 낮췄다고 해도 방금 설명 들은 부작용을 겪어야 한다면 그게 꼭 제게 득이 된다고는 생각되지 않았습니다.

제 생각을 말씀드리자 선생님께서는 한 가지를 더 이야기해 주셨습니다. 저의 경우 흡연을 즐겨 하고(하루에 한 갑 반 정도) 고지혈증약을 6개월째 복용하고 있었기 때문에 베타차단제가 가장 먼저 고려할 선택지가 아니었다는 것입니다. 그런데도 저는 이 약을 1년간이나 복용해온 것이지요. 그런 까닭에 자세를 바꾸면 어지럼증이 생겼던 것입니다.

베타차단제가 지나치게 강력한 작용을 하여 부작용을 불러온 것이기 때문에 치료 목표는 혈압약을 서서히 줄이면서 고혈압도 조절하는 것으로 잡았습니다.

치료는 피 해독과 체온 상승 프로그램을 각기 3주씩 진행하는 것으로 하였습니다. 발효청혈주스를 하루 세 번 식전에 먹고, 심장기능을 강화해주는 한약을 처방받아 복용하였습니다. 낮에 햇볕을 쬐면서 걷고 밤에 족욕이나 반신욕을 30분 이상 매일 하였으며 침뜸치료도 받았습니다.

지방에 살고 있어서 한의원에 방문하여 침뜸치료를 받는 일은 일주일에 1번으로 하였습니다. 그리고 다른 한편으로는 흡연량을 줄여나가서 최종적으로는 금연에 이르는 것도 또 하나의 목표로 삼았습니다. 흡연을 하면 혈관이 수축되어 혈압이 올라간다는 설명을 듣고 반드시 담배를 끊어야겠다고 마음먹었습니다.

3주째가 막 지난 7월 1일, 한의원을 방문하는 날이 되었을 즈음에는 혈압이 120/80㎜Hg를 크게 벗어나지 않는 범위로 유지되었습니다. 동반되던 기타 증세들은 큰 변화가 없었지만, 앉았다 일어날 때의 어지럼증은 현저히 줄었습니다. 혈압이 이처럼 차도를 보이자, 혈압약을 처방한 의사와 의논해 1mg이던 용량을 0.5mg으로 줄이기로 했습니다.

그로부터 한 달 정도 후인 8월 12일에는 어지럼증이 더 줄고 피로가 회복되는 정도도 상당히 개선되었습니다. 이때부터는 혈압약 0.5mg을 이틀에 한 번 복용하는 것으로 더 줄였습니다. 2주 후인 8월 29일에 한의원을 방문하여 혈압을 재보니 122/78㎜Hg이 나와 안정적임이 확인되었습니다. 어지럼증과 뒷목이 뻣뻣한 증상, 심한 피로감 등도 대부분 사라졌습니다.

그로부터 일주일 후인 9월 4일에는 혈압이 118/75㎜Hg로 측정되어 혈압약을 완전히 중단하고 음식과 습관으로 조절하기로 하였습니다. 이후에도 발효청혈주스를 지속적으로 하루 3개씩 복용하였습니다.

혈압약을 중단한 지 한 달째인 10월 3일, 한의원을 방문하여 혈압을 측정한 결과 118/65㎜Hg가 나와 이제 혈압이 안정화되었다는 점을 재차 확인하였습니다. 물론 몸의 이상 증세는 이후 재발하지 않았고 좋은 컨디션이 지금까지 잘 유지되고 있습니다.

▶ 마치며 ◀

고혈압은 스스로 고칠 수 있다!

임상에서 고혈압, 당뇨, 심근경색, 뇌경색, 암, 치매 환자를 수없이 접하면서 여러 가지 다양한 경험을 한다. 그간의 경험에 따르면 양약을 끊으면서 오히려 증상이 완화되고, 몸 상태가 호전되는 경우가 많았다. 예를 들어 심근경색이 심한 사람이 혈전 용해제나 아스피린을 끊고 한의약 치료를 받으면서 거의 정상으로 회복되거나, 고지혈증약을 끊고 치료받으면서 뇌경색이 회복되는 경우도 많았다. 한 어르신은 혈압약을 조금씩 줄여나가며 3주 정도를 치료받자 기운을 되찾았고, 기억력이 살아나고 정신이 맑아지면서 치매 증상도 거의 사라졌다.

이런 결과는 한의약이 어떤 마법을 부려서 나타난 것이 아니라 너무나 당연한 것이다. 혈압약, 고지혈증약, 혈전 용해제, 항암제를 끊으면 뇌, 심장, 말초로 공급되는 혈액량이 늘어난다. 그러면 각 장부가 왕성하게 활동함과 함께 체온이 상승하니 면역력이 높아지고 활성산소가 제거되니 몸이 원래 가지고 있는 치유력을 제대로 발휘하게 되는 것이다. 이처럼 건강을 되살릴 방법이 분명히 있는데도, 왜 서양의학은 수많은 약을 투여함으로써 병을 만드는 쪽으로만 나아가는 것일까.

한의학이나 자연의학으로 만성 질환을 치료, 관리받으면 더 건강해지고 나라 경제에도 많은 도움이 된다. 그런데 대부분 환자가 한의학은 도외시한 채 서양의학에만 의존한다. 서양의학으로 '확실하게' 진단을 받고, '효과 빠른' 약을 한 주먹씩 먹으면서 곧 낫기를 기대한다. 하지만 얼마 안 가 몸의 또 다른 부분에서 이상이 생긴다. 그러면 다시 병원에 가서 진단을 받고 처방을 받아 와 약을 두 주먹씩 먹는다. 특정 증상은 누그러졌으나 건강해졌다고는 말할 수 없는 몸 상태로 계속해서 병원문을 드나든다. 그러다가 돌이킬 수 없는 지경에 이르러서야 '지푸라기라도 잡는 심정으로' 한의원을 찾는다.

이는 실제로 내가 수없이 겪은 일이다. 몸이 이미 망가질 대로 망가져서 나를 찾아온 환자들은 "왜 진작 이런 치료를 받을 생각을 못 했는지 후회스럽습니다"라고 말한다. 많은 이들이 점차 건강을 되찾아 일상으로 돌아가지만, 때로는 기껏해야 더 나빠지지 않도록 관리하는 수준에 머물러야 하는 안타까운 경우도 있다.

우리 몸은 스스로 치유하는 능력과 건강을 회복하는 항상성을 갖추고 있다. 자연 현상이 그러하듯, 인체에 필요치 않은 장기는 하나도 없으며, 인체에 다양한 증상이 나타나는 것 역시 인체가 필요로 하기 때문에 생기는 것이다. 혈압이 높은 것은 몸 곳곳에 혈액을 제대로 공급하기 위해 센 압력이 필요하기 때문이다. 역으로 생각하면, 혈압이 높아지지 않으면 혈액을 충분히 공급받지 못하는 부위가 생긴다는 뜻이다. 이것이 '고혈압이 우리에게 보내는 신호'다. 그런데 그 신호를 제대로 해석하지 못하여 약을 먹어 혈압 수치를 낮추려고만 드니, 이는 몸의 자연 치유력을 망가뜨리고 더 크고 많은 문제를 발생시킨다.

혈압을 내 몸에 맞게 안정화하려면 딱 두 가지만 생각하면 된다. 혈액이 건강해야 하고, 혈관이 건강해야 한다는 것! 혈액이 건강하기 위해서는 가장 먼저 핏속 독소를 배출시켜야 하고, 그런 다음에는 산성화된 혈액을 알칼리성으로 바꿔주어야 한다. 그러면 피가 맑아져 혈액순환이 무리 없이 이뤄진다. 그리고 혈관이 건강하기 위해서는 산화질소를 잘 만들어내는 몸으로 만들어야 한다. 몸에 들어가 산화질소를 생성해주는 과일과 채소를 충분히 먹든가 발효 청혈주스를 마시고, 생청국장을 오전에 먹고, 볶은 천일염이나 죽염을 먹고, 매일 적당한 운동으로 각 기관에 활력을 공급하며, 햇볕 쬐기와 천일염을 넣은 반신욕으로 체온을 높여주면 된다.

혈관이 건강하면 수축과 이완 운동을 리드미컬하게 해내기 때문에 심장이 져야 하는 부담도 줄어든다. 이처럼 혈액과 혈관을 건강하게 하면, 고혈압만이 아니라 현대인이 앓고 있는 만병이 낫는다. 이 책에서 소개한 여러 치유법을 생활 속에서 반드시 실천해보길 거듭 당부하는 이유다. 건강을 지키기 위해서는 이 점을 반드시 기억해야 한다.

▶ 참고 문헌 ◀

『효소 식생활로 장이 살아난다 면역력이 높아진다』, 츠루미 다카후미 저, 전나무숲

『혈액을 맑게 하는 음식과 생활 습관 82가지』, 김호순 저, 아카데미북

『현미밥 채식』, 황성수 저, 페가수스

『한국소금에 미친 남자』, 우에다 히데오&사토우 미노루 저, 맑은소리

『하루 10분 일광욕 습관』, 우쓰노미야 미쓰아키 저, 전나무숲

『평온한 죽음』, 나가오 카즈히로 저, 한문화

『치유의 예술을 찾아서』, 버나드 라운 저, 몸과마음

『체온1도』, 선재광 저, 다온북스

『체온1도 올리면 면역력이 5배 높아진다』, 이시하라 유우미 저, 예인

『체온 혁명』, 이시하라 유우미 저, 황금비늘

『체온 1도가 내 몸을 살린다』, 사이토 마사시 저, 나라원

『청혈주스』, 선재광 저, 전나무숲

『청국장 다이어트 & 건강법』, 김한복 저, 휴먼앤북스

『질병 판매학』, 레이 모이니헌 저, 알마

『죽은 의사는 거짓말을 하지 않는다』, 조엘 월렉 저, 꿈과의지

『전해환원수 물의 혁명』, 시라하타 사네타카 저, 어문각

『장수하는 사람은 약을 먹지 않는다』, 오카모토 유타카 저, 싸이프레스

『자연의학(백과사전)』, 마이클 T.머레이 저, 전나무숲

『인간은 왜 병에 걸리는가』, R.네스, G.윌리엄즈 저, 사이언스북스

『이제 더 이상 혈압은 없다』, 하야시 마사유키 저, 현대문화센터

『의학이란 무엇인가』, 파울 U.운슐트 저, 궁리

『의학의 과학적 한계』, 에드워드 골럽 저, 몸과마음

『의학으로 본 알칼리 환원수』, 이규재 저, 도술

『의사의 반란』, 신우섭 저, 에디터

『의사에게 살해당하지 않는 47가지 방법』, 곤도 마코토 저, 더난출판사

『의사를 멀리하라』, 나카무라 진이치 저, 위즈덤스타일

『의사들이 해주지 않는 이야기』, 린 맥타가트 저, 허원미디어

『의사들이 말해주지 않는 건강이야기』, 홍혜걸 저, 비온뒤

『의사들에게는 비밀이 있다』, 데이비드 뉴먼 저, 알에이치코리아

『의사가 우리에게 말하지 않는 것들』, 미쓰이시 이와오 저, 도시락밴드

『위대한 자연요법』, 김융웅 저, 토트

『우리 집에 꼭 필요한 건강 상식』, 히라이시 다카히사 저, 나무생각

『우리 몸은 자연을 원한다』, 손찬락 저, 그린홈

『왜 이것이 몸에 좋을까』, 고바야시 히로유키 저, 김영사

『없는 병도 만든다』, 외르크 블레흐 저, 생각의나무

『약만으로는 병을 고칠 수 없다』, 니와 유키에 저, 지식산업사

『약 먹으면 안 된다』, 후나세 슌스케 저, 중앙생활사

『아파야 산다』, 샤론 모알렘 저, 김영사

『심혈관질환, 이젠 NO』, 루이스 이그나로 저, 푸른솔

『식은 운명을 좌우한다』, 미주노 남보꾸 저, 태일출판사

『수소수비즈니스』, 지은상 저, 건강신문사

『소금의 역습』, 클라우스 오버바일 저, 가디언

『소금과 물, 우리 몸이 원한다』, 박의규 저, 지식과감성

『석기시대 인간처럼 건강하게』, 요르크 블레히 저, 열음사

『생활 기상 이야기』, 윤성탁 저, 단국대학교출판부

『생명의 소금』, 정종희 저, 올리브나무

『사람이 병에 걸리는 단 2가지 원인』, 아보 도오루 저, 중앙생활사

『병에 걸리기 싫다면 기름을 바꿔라』, 야마다 도요후미 저, 중앙북스

『물의 혁명 수소풍부수』, 하야시 히데미쯔 저, 상상나무

『물 치료의 핵심이다』, F.뱃맨 겔리지 저, 물병자리

『물 건강하고 아름답게 사는 법』, 클라우스 오버바일 저, 한스미디어

『몸의 지혜』, 셔윈 널랜드 저, 사이언스북스

『명의1(심장에 남는 사람)』, EBS 명의 제작팀 저, 달

『면역력을 높이는 장 건강법』, 마쓰다 야스히데 저, 조선일보사

『만병을 고치는 냉기제거 건강법』, 신도 요시하루, 김영사

『마음과 질병의 관계는 무엇인가?』, 뤼디거 달케 외 저, 한언

『당신이 몰랐던 지방의 진실』, 콜드웰 에셀스틴 저, 사이몬북스

『당신의 의사도 모르는 11가지 약의 비밀』, 마이클 머레이 저, 다산초당

『당신의 몸은 산성 때문에 찌고 있다』, 로버트 영 외 저, 웅진윙스
『당뇨 고혈압과 함께하는 쾌적한 생활』, 모리 도모미 외 저, 빛과향기
『뇌졸중 알아야 이긴다』, 신현대 저, 홍신문화사
『뇌졸중 생과 사를 가르는 3시간』, KBS생로병사의 비밀 제작팀 저, 한국 방송출판
『냉기를 제거하는 건강혁명』, 이시하라 유미 저, 양문
『내 몸이 최고의 의사다』, 임동규 저, 에디터
『내 몸이 아프지 않고 잘 사는 법』, 하비 다이아몬드 저, 한언
『내몸의자생력을깨워라』, 조엘펄먼저, 쌤앤파커스
『내 몸에 가장 좋은 물』, 김현원 저, 서지원
『날씨를 알면 건강이 보인다』, 반기성 저, 다미원
『날씨가 지배한다』, 프리트헬름 슈바르츠 저, 플래닛미디어
『나를 살리는 피, 늙게 하는 피, 위험한 피』, 다카하시 히로노리 저, 전나무숲
『기후학의 기초』, 이승호 저, 두솔
『기상과 건강』, 홍성길 저, 교학연구사
『고혈압은 병이 아니다』, 마쓰모토 미쓰마사 저, 에디터
『고혈압, 약을 버리고, 밥을 바꿔라』, 황성수 저, 페가수스
『고혈압 치료 나는 혈압약을 믿지 않는다』, 선재광 저, 전나무숲
『건강혁명 반신욕 20분』, 곽길호 저, 황금물고기
『건강하게 오래 살려면 종아리를 주물러라』, 마키 다카코 저, 나라원

『건강은 마음안에 있다』, 폴 브래너 저, 북라인

『건강완전정복』, 신야 히로미 저, 한언

『EBS지식채널 건강 3(몸의 비밀)』, EBS지식채널e 저, 지식채널

『EBS지식채널 건강 2(몸의 혁명)』, EBS지식채널e 저, 지식채널

『EBS지식채널 건강 1(몸의 이해)』, EBS지식채널e 저, 지식채널

『100년 동안의 거짓말』, 랜덜 피츠제럴드, 시공사

당신도 혈압약 없이 살 수 있다

개정판 1쇄 발행 2025년 1월 20일

지은이 선재광
정리 공순례
일러스트 송진욱

마케팅 박미애
펴낸곳 다온북스
인쇄·제본 영신사
출판등록 2011년 8월 8일 제311-2011-44호
주소 경기도 고양시 덕양구 향동동 391 향동DMC 플렉스데시앙 KA 1504호
전화 02-332-4972 팩스 02-332-4872
전자우편 daonb@naver.com

ISBN 979-11-93035-58-0 03410